Markus Hengstschläger • Kranke Gene

Markus Hengstschläger

Kranke Gene

Chancen und Risiken von Gentests

facultas

Univ. Prof. Dr. **Markus Hengstschläger**
Universitätsklinik für Frauenheilkunde
Abteilung für Pränatale Diagnostik und Therapie
Pränatalmedizinisch-genetisches Labor
Währinger Gürtel 18–20
A-1090 Wien

Bibliografische Information Der Deutschen Bibliothek

Die Deutsche Bibliothek verzeichnet diese Publikation in der Deutschen Nationalbibliografie; detaillierte bibliografische Daten sind im Internet über http://dnb.ddb.de abrufbar.

Satz: Norbert Novak, Wien
Druck: Facultas Verlags- und Buchhandels AG
Umschlagbild: Contrast
Printed in Austria
ISBN 3-85076-629-2

„... im April 1953 folgte die Aufklärung der Struktur der DNA durch Watson und Crick, die wohl wesentlichste Voraussetzung für die moderne Genforschung ...“

Für Elke, Anna und Max

Inhalt

Teil 4: Die Umsicht

Teil 5: Die Hoffnung

Vorwort

Es gibt Tage, an denen glaube ich erahnen zu können, wie sich jemand fühlen muss, der für den telefonischen Auskunftsdienst für Angehörige nach Katastrophen zuständig ist. Das sind jene Tage, an denen ich wieder einmal (was mehr als sonst schon Routine geworden ist) von Ärzten, Patienten, Kollegen, Freunden und Bekannten mit der Frage konfrontiert werde: „Ist das genetisch? Und kann man – beziehungsweise soll man – etwas testen?". Verständnis für diese und ähnliche Fragen muss man angesichts der aktuellen erdrückenden Informationsflut betreffend neue genetische Entdeckungen ohne Zweifel haben. Nahezu im Takt des Tag-Nacht-Rhythmus schießen neue Sensationsberichte hinsichtlich genetischer Anlagen für Krankheiten oder Merkmale des Menschen aus dem Boden wie Pilze nach einem starken Regenguss. Eine Notfallsituation, bekommt man nicht selten glaubhaft vermittelt, da es sich ja „um mich selbst", „um mein Kind" oder „um meinen engen Verwandten" handelt. Sollte sich herausstellen, dass es „genetisch ist und man etwas testen kann", möchte man keine Zeit verlieren. Die Antwort möge sofort und jeden Zweifel beseitigend geliefert werden. Ich habe dieses Buch nicht der Frage gewidmet, welche Krankheiten genetische Komponenten haben, und was man alles testen kann. Eine entsprechende Aufzählung erstellen zu wollen, wäre zur Zeit so aussichtsreich und sinnvoll wie der Versuch, die Anzahl der im nächsten Herbst von den Bäumen fallenden Blätter im Winter davor zu bestimmen. Es wird in naher Zukunft nicht darum gehen, was alles genetisch und testbar ist, sondern darum, wie eine pluralistische Gesellschaft damit umgeht. In diesem Buch unterbreite ich vielmehr einen Gedankenweg – oder vielleicht sogar ein Rezept – dafür, wie man mit jedem einzelnen in Zukunft vielleicht einmal verfügbaren Gentest umgehen sollte. Man muss die zugrunde liegenden **Voraussetzungen** (Teil 1) dafür kennen, den **Nutzen** (Teil 2) bestimmen und dabei alle **Auswir-**

kungen (Teil 3) abwägen. Nur eine immer dem aktuellsten Stand der Wissenschaft Zoll zahlende Berücksichtigung dieser Komponenten macht es möglich, in Zukunft Gentests mit der notwendigen und bedingungslos einzumahnenden **Umsicht** (Teil 4) anzuwenden. Durch die wissenschaftlichen Erkenntnisse, die durch diese Anwendung genetischer Tests entstehen werden, wird es in Zukunft möglich sein, für immer mehr genetisch mitbestimmte Erkrankungen wirkungsvolle prophylaktische Konzepte beziehungsweise Therapien zu entwickeln. Ob ein Mensch krank ist oder nicht, entscheidet sich schließlich nicht im genetischen Labor. Die **Hoffnung** (Teil 5) für die Zukunft ist, dass durch die heutige umsichtige Anwendung von Gentests die Voraussetzungen für neue Therapien geschaffen werden, die es dem Menschen ermöglichen, selbstbestimmt dem Diktat seiner krankheitsauslösenden Gene, seiner „kranken Gene", zu entkommen.

Der Verzicht auf Teile des Machbaren und der umsichtige Einsatz von Gentests mit dem Blick auf Therapien sind der Boden, der diese Hoffnung nährt. Die Angst vor den Auswirkungen eines nicht umsichtigen Einsatzes von Gentests darf diese berechtigte Hoffnung nicht zerstören.

Anhand von Beispielen, die heute aktuell sind, aber nicht annähernd ein Spektrum des Möglichen von Morgen repräsentieren können, habe ich versucht, in diesem Buch einen auch noch morgen gehbaren Weg zu skizzieren. Diesen Weg kann der Einzelne über seine individuellen freien Entscheidungen gehen, ebenso wie staatliche Regeln oder Gesetze diesem Weg folgend entworfen werden können.

An dieser Stelle möchte ich der für mich bedeutendsten Biologin, meiner Frau Elke, für ihre Unterstützung bei der Erstellung dieses Buches, und meinen Kindern, Anna und Max, für die immer notwendige Ablenkung danken.

Markus Hengstschläger
Wien, 2003

Teil 1: Die Voraussetzungen

Kranke Gene

The gene is the unit of heredity. While this definition may seem to stand on its own and not need further explanation, in fact it represents a continuing evolution in the way we view the biological process of inheritance ... If gene as a concept is not as well founded as say, atoms or molecules, does this mean the term should be discarded? Probably not. Gene still has heuristic value ... Ultimately, it is the responsibility of authors to make clear how they are using the term in order to convey their message (J. Merriam, 2001).[1]

Genau das will ich also zuerst einmal tun. Wofür steht der Begriff Gen, und vor allem, was ist mit „Kranke Gene“ in diesem Buch gemeint?

Was ist ein Gen?

Jeder, der sich heute an eine Erklärung heranwagt, begibt sich auf sehr glattes Eis. Für den Einzelnen ist es nicht mehr erkennbar, sammelbar oder gar zu behalten, was die Genforschung tagtäglich an neuen Daten dem bereits völlig unüberschaubaren Pool an Forschungsergebnissen hinzufügt. Das Wissen betreffend verschiedene Begriffserklärungen oder die Zusammenhänge verschiedener Einzelkomponenten wird ausgedehnter und gleichzeitig komplizierter und schwerer im Zusammenhang zu fassen. Andererseits schien es doch schon einmal so klar gewesen zu sein: Der Mensch hat 30.000 bis 45.000 Gene. Sie sind in 46 Chromosomen organisiert, die im Kern jeder Zelle vorliegen. Genauer gesagt verteilt sich diese Anzahl von Genen auf 23 Chromosomen, da man jedes Gen und jedes Chromosom zweimal hat – einmal vom Vater und einmal von der Mutter. Frauen haben zwei X-Chromosomen als Geschlechtschromosomen und Männer haben ein X-

und ein Y-Chromosom. Innerhalb dieser 46 Chromosomen ist die Erbinformation auf langen, fadenförmigen Molekülen, der Desoxyribonukleinsäure gespeichert, von deren englischer Bezeichnung sich die weithin bekannte Abkürzung DNA (deoxyribonucleic acid = the ultimate molecule of life; the polymer of which eukaryotic genes are composed[2]) ableitet. Die vier Basen, die am Aufbau der DNA beteiligt sind, heißen Adenin (A), Guanin (G), Cytosin (C) und Thymin (T). Ein Gen ist schließlich ein bestimmter Teil der in Chromosomen organisierten DNA mit einer bestimmten Basenabfolge, auch Sequenz genannt. Sie wird in Ribonukleinsäure (RNA) und diese schließlich in Protein übersetzt. Proteine sind Moleküle, die essentiell für Aufbau und Funktion der einzelnen Zellen sind. Zellen wiederum bauen den menschlichen Körper auf und bilden die Basis für seine so vielfältigen und verschiedenartigen Funktionen. Es gibt viele verschiedene Zelltypen im menschlichen Körper mit so vielen unterschiedlichen Funktionen, obwohl jede Zelle eines Menschen die selben Gene im Zellkern hat. Der Grund dafür ist darin zu finden, dass in der einen Zelle ein anderes spezifisches Set an Genen aktiv ist (in Proteine übersetzt wird) als in einem anderen Zelltyp. Obwohl die Gene in einer Nervenzelle und in einer Muskelzelle die gleichen sind, sind Form und Funktion dieser beiden Zelltypen so unterschiedlich, weil unterschiedliche Sets an Genen in den beiden Zelltypen aktiv sind.[3] Dementsprechend unterscheidet der Molekularbiologe das Genom vom sogenannten Proteom. Das Genom ist die Gesamtheit der Erbinformation – der Gene – eines Menschen. Das Proteom ist die Gesamtheit der Proteine, die von einem Genom ausgehend entstehen. Während also das Genom einer Nervenzelle und das einer Muskelzelle einer Person identisch sind, sind die Proteome dieser beiden Zellen völlig unterschiedlich. Das Proteom muss folgerichtig als die Zeit- und Zelltyp-abhängige Gesamtzahl an Proteinen definiert werden – es beschreibt alle Proteine, die in einer Zelle zu einer bestimmten Zeit vorliegen.[4] Die Kaulquappe und der sich daraus entwickelnde Frosch haben das gleiche Genom – die Proteome sind aber so unterschiedlich, dass nur der letztere am Blatt sitzt und quakt. In Analogie zu „Genomics" als Wissenschaft, die sich mit Genen und deren Funktionen beschäftigt, hat sich in den letzten Jahren die Wissenschaftsdisziplin „Proteomics" entwickelt. Proteomics untersucht die Anzahl, Zusammensetzung und Regulation von Proteinen mit dem Ziel eines besseren Verständnisses zellulärer Prozesse ein Niveau oberhalb von Genomics.

Aufstieg und Fall

Unabhängig vom Begriff „Gen" verbindet man allgemein den Begriff „Genetik" mit dem Mönch Gregor Mendel. Die sogenannten mendelschen Regeln, oder die Vererbung nach Mendel, finden heute noch zum Beispiel im Zusammenhang mit Erkrankungen Anwendung, die durch Veränderungen in einem Gen ausgelöst werden. Eigentlich aber hat der dänische Pflanzenphysiologe Wilhelm Johannsen den Begriff „Gen" 1909 vom griechischen *gennein* (= erzeugen) abgeleitet. Bedeutung und Klarheit dieses Begriffes erlebten im letzten Jahrhundert ein Welle vom glamourösen Aufstieg bis zum stillen Fall. Sein Höhepunkt war vorgezeichnet durch die Entdeckung von Avery, McLeod und McCarty 1944,[5] dass die DNA der Träger genetischer Information sein muss.

Heute genau vor 50 Jahren, im April 1953, folgte die Aufklärung der Struktur der DNA durch Watson und Crick, die die wohl wesentlichste Voraussetzung für die moderne Genforschung bildet.[6]

Das Gen hatte von da an eine verstandene molekulare Struktur, die optimale Voraussetzungen für seine Reproduktion und Weitergabe an Nachkommen bietet. Der Höhenflug des Begriffes „Gen“ gipfelte in der über Jahre etablierten Lehrmeinung, jedes Gen führe zur Entstehung genau eines Proteins: Ein Gen macht ein Protein.

Wenn „Gen“ auch mit Sicherheit ein gesellschaftliches Leitwort um die gerade erlebte Jahrtausendwende darstellt, so ist sein glanzvoller Lack doch ein wenig angekratzt. Einerseits ist es dieses Verwirrspiel darum, wie viele Gene der Mensch nun wirklich hat. Ursprünglich auf ungefähr 140.000 geschätzt, wurde durch die Bestimmung der Gesamtsequenz der menschlichen DNA diese Schätzung auf grob 30.000 Gene herunterkorrigiert.[7] Mittlerweile gehen neuere Schätzungen wieder von etwas mehr aus[8], was letztlich dazu führt, dass man heute gerne von „ungefähr zwischen“ 30.000 und 45.000 menschlichen Genen spricht. Der Vergleich der Genanzahl zwischen verschiedenen Organismen ist es, der der Bedeutung dieses Begriffes „Gen“ – oder dem genetischen Determinismus – den Wind aus den Segeln nimmt. Die Maus nagt mit einer dem Menschen sehr ähnlichen Genzahl, die Reispflanze wiegt sich im Wind mit sogar über 50.000 Genen, die Fruchtfliege setzt sich auf den Kuchen mit etwa 13.500 Genen, während ein Bakterium die Pest mit nur 4.200 Genen auslösen kann. Der Medizin-Nobelpreis des Jahres 2002 wurde an drei Genetiker für ihre Entdeckungen auf dem Gebiet der genetischen Regulierung der Organentwicklung und des programmierten Zelltods vergeben. Beachtenswert ist, dass sowohl Sydney Brenner als auch John Sulston und Robert Horvitz ihre bahnbrechenden Ergebnisse bei der Erforschung eines winzigen, durchsichtigen, am Boden lebenden Fadenwurms mit dem Namen *Caenorhabditis elegans* erzielten. Die erzielten Forschungsresultate sind ohne Zweifel beachtenswert. Aber nicht minder beachtenswert ist die Tatsache, dass dieser winzige Wurm nicht weniger als 20.000 Gene aufweist, im männlichen Geschlecht auf nur fünf, im weiblichen Geschlecht auf sechs Chromosomen verteilt. Wenn die Reispflanze also mehr Gene als der Mensch, die Maus mehr oder weniger gleich viele hat, und dieser winzige Wurm zwei Drittel der menschlichen Genanzahl aufweist, dann kann die Anzahl der Gene wohl nicht für die so augenscheinlichen Unterschiede zwischen diesen Organismen verantwortlich sein. Und es muss sofort nach der Bedeutung der unterschiedlichen Proteome gefragt werden, wie das noch im Kapitel „Gene und Umwelt: äußere und innere Einflüsse" getan werden soll. Soviel sei aber jetzt schon zur Verdeutlichung des Angesprochenen gesagt: Neueste wissenschaftliche Ergebnisse haben gezeigt, dass Maus und Mensch zu 97–99% identische, sogenannte „arbeitende" DNA haben. Es wird angenommen, dass sich die beiden Genome von Maus und Mensch vor ungefähr 100 Millionen Jahren in der Evolution getrennt haben, was offensichtlich eine zu kurze Zeit für größere Verschiedenheiten im Genom ist, aber lange genug für die Ausprägung der enormen Unterschiede in den Phänotypen dieser beiden Säugetiere war.[9]

Aber ist die Tatsache, dass die Zahl der Gene keine, wie bisher vielleicht angenommen, so große Rolle spielt, schon Grund genug, vom Fall des Begriffs „Gen" oder gar von „kranken Genen" zu sprechen? Isoliert betrachtet sicher nicht. Aber gemeinsam mit dem Fall des Dogmas „Ein Gen macht ein Protein" vielleicht doch. Aktuelle Schätzungen deuten darauf hin, dass wahrscheinlich rund 60 Prozent der menschlichen Gene in mehr als nur ein Protein übersetzt werden können. Geht man also davon aus, dass durchschnittlich jedes Gen in zumindest zwei Proteine übersetzt wird (es werden mit Sicherheit auch viele in mehr als drei übersetzt), so käme man bei 30.000 bis 45.000 Genen auf 60.000 bis 90.000 Möglichkeiten für verschiedene Proteine. In der Tat wird ihre Anzahl auf über 100.000 geschätzt. Und schon kränkelt der Begriff „Gen" in seiner bisherigen Bedeutung und Verwendung. Das Dogma „Ein Gen macht ein Protein" ist tatsächlich wissenschaftlich belegbar gefallen. Je mehr Einsicht aktuelle Forschungsergebnisse in die molekularen genetischen Prozesse erlauben, umso schwerer ist ein klar umrissener Begriff für etwas so Kompliziertes wie eben ein „Gen" zu definieren. Evelyn Fox Keller kommt daher in ihrem Buch „Das Jahrhundert des Gens" zum Schluss, dass ein Gen nicht mehr eine klar umrissene Einheit darstelle, sondern nur noch ein Wort mit großer Plastizität, das in mehrfacher Bedeutung verwendet werde.[10] Wenn aus wissenschaftlicher Sicht solch eine Plastizität berechtigterweise einzufordern ist, so wird sie andererseits im heutigen allgemeinen Sprachgebrauch zugunsten des aufsehenerregenden Effekts massiv überstrapaziert. Der ehemalige Präsident der Deutschen Forschungsgemeinschaft und der Max-Planck-Gesellschaft Hubert Markl fordert in diesem Zusammenhang völlig zurecht eine Abstandnahme von der eingebürgerten Sprache wie z.B. „ein Gen für ... Homosexualität, Depressionen etc."[11] Nicht nur, weil es das in diesem Sinn in den meisten Fällen gar nicht gibt, sondern weil solch eine Wortwahl in der Regel nicht gerechtfertigte, aber in den Hirnen der Empfänger durch Wiederholung festgefahrene Erwartungshaltungen auslöst. Gibt es ein Gen dafür, so ist doch etwas testbar, so wollen es die Genetiker nicht nur testen, sondern auch gleich – sei es durch „künstliche Selektion" oder durch gentechnologische Korrektur – beeinflussen. Warum hier in diesem Zusammenhang von „künstlicher Selektion" gesprochen wird, soll in dem Kapitel „Die Selektion – vom Flirt zur Präimplantationsdiagnostik" noch erläutert werden. Was auch immer für Metamorphosen die Bedeutung des Wortes „Gen" in Zukunft noch durchmachen wird, dies war nicht der eigentliche Grund, in diesem Buch den Begriff „kranke Gene" einzuführen.

Kranke Gene

Den Begriff „kranke Gene" habe ich repräsentativ für die Frage gestaltet: „Gibt es Gene, die krank machen können?" Dem Zusammenhang zwischen Genen und Krankheit mit allen Facetten dieses so vielfältigen Themenbereichs ist dieses Buch gewidmet. Das eigentliche Ziel war es, zu beleuchten, ob Gene – kranke Gene – den Menschen krank machen können, und wie deterministisch sie dabei vorgehen. Die unwiderstehliche Triebfeder war die tiefe Überzeugung, dass der Ausweg aus einem Determinismus kranker Gene die Anwendung von Gentests und die daraus resultierende Möglichkeit zur Entwicklung neuer Therapien ist.

Der Entdecker der DNA-Struktur und Nobelpreisträger James Watson verwendet in einem Essay 1997 die Terminologie „Good Gene, Bad Gene" und meint nicht das Gleiche in all seiner Vielfalt, aber etwas sehr Ähnliches, wofür der Begriff „kranke Gene" in diesem Buch stehen soll:

Genes too often get a bad press. This is not surprising since there are „bad" genes as well as „good" ones, and bad news grips readers more than good news. Bad genes are actually mutated good genes which, because of altered DNA messages, do not function normally.[12]

Es ist von großer Bedeutung, sich klar zu machen, dass kranke Gene – also Gene, die im Zusammenhang mit dem Auftreten einer bestimmten Erkrankung stehen – eigentlich per se nicht „krank“ sind, sondern „krank“ werden. Es ist daher grundsätzlich falsch, zu formulieren: „Träger dieses Gens sind oder werden krank“. Beide, gesunde und kranke Menschen, haben dieses Gen. Bei kranken Menschen ist es entsprechend verändert (sei es in seiner Sequenz oder in seiner Aktivitäts-Regulation) gegenüber dem Gen in seinem Ausgangszustand bei Gesunden. Dass ich mir hier erlaube, vom „Krankwerden“ eines Gens oder von „kranken Genen“ zu sprechen, macht mir vor allem auch deshalb viel Freude, weil es eine so existentielle Frage im Zusammenhang mit Krankheit und Mensch ironisch und überspitzt ins Visier nimmt: Was ist krank, und was ist gesund? Die entsprechende direkte – oder eben nicht direkte – Weiterführung vom kranken Gen hin zum kranken Menschen wird im Kapitel „Wo beginnt Krankheit?“ zu finden sein.

Mutation und DNA-Polymorphismus

„Eine Frau mit dem Brustkrebs-Tumorsuppressorgen BRCA1 hat ein sehr hohes Risiko, einmal an Brustkrebs zu erkranken“, ist also eine vollkommen falsche Aussage. Das BRCA1 Gen haben alle Frauen dieser Welt. Jene Frauen, die ein hohes genetisches Risiko für diese Krebserkrankung haben, tragen eine Veränderung in ihrem BRCA1 Gen. Solch eine genetische Veränderung wird Mutation genannt. „Mutation“ ist ein ähnlich dehnbarer Begriff wie „Gen“. Genau genommen müssen wir in unserem Fall des Brustkrebsgens von einer sogenannten pathogenen Mutation sprechen. Dies bedeutet, dass die gefundene Veränderung im BRCA1 Gen nachweislich mit der Entstehung dieser Krankheit im Zusammenhang stehen kann. Mutation werden aber alle Veränderungen der DNA-Sequenz genannt – unabhängig davon, ob sie eine nachweisbare Wirkung auf das von dem Gen übersetzte Protein oder auf den Menschen, der das mutierte Gen trägt, haben oder nicht.

In der von dem Nobelpreisträger 2002 Sydney Brenner herausgegebenen „Encyclopedia of Genetics" schreibt L. S. Ripley zu diesem Aspekt:

Heritable changes in the genomic nucleic acids sequence of an organism are called mutations ... Changes in the sequence of DNA are considered to be mutations regardless of whether the mutation produces any detectable effect on the gene product or its function in the organism. Indeed, mutations sometimes have no discernible influence on anything other than the DNA sequence. Since mutations often cause deleterious effects on the ability of a gene to function properly, the consequences may be death or disease in the organism suffering the mutation. Mutations that have small effects or that occasionally have beneficial effects can be important contributors to the molecular evolution of DNA sequences.[13]

Dies bedeutet, dass wir lediglich krankheitsauslösende Mutationen von Mutationen unterscheiden müssen, die keine nachweisbaren Auswirkungen im Zusammenhang mit Krankheitsentstehung haben. Dass dieses Konzept sich noch als äußerst aufwändig und kompliziert anwendbar herausstellen wird, beruht auf einer ganzen Reihe von Voraussetzungen, die es noch zu klären gilt. Allen voran steht die Frage: „Was ist überhaupt eine Krankheit, ab wann kann also von einer krankheitsauslösenden Mutation oder eben von einem kranken Gen gesprochen werden?" Dazu gleich mehr. Vorerst aber ein anderer Aspekt: Woher kommt eine Mutation, und warum haben bestimmte Mutationen konkrete Auswirkungen und andere nicht? Mutationen können einerseits durch DNA-Schädigung von außerhalb der Zelle entstehen. Zu den wahrscheinlich bekanntesten gehören die Schädigung der DNA von Hautzellen durch zu viel UV-Licht beim Sonnenbaden oder die Schädigung der DNA durch radioaktive Strahlung. Dem gegenüber entstehen endogene Mutationen durch spontan auftretende Fehler während der DNA-Replikation (Verdopplung) und der DNA-Reparatur. Vor jeder Zellteilung erfolgt die Neusynthese der gesamten DNA-Sequenz. Die Enzyme, die für diese Verdopplung und eine darauffolgende Reparatur verantwortlich sind, arbeiten allerdings nicht fehlerlos. DNA-Veränderungen, die sich bei der Replikation einschleichen und vom Reparaturmechanismus der Zelle nicht erfasst werden, manifestieren sich als Mutationen. Mutationen können also von außen durch Mutagene ausgelöst werden, gehören aber auch, sozusagen von Innen bestimmt, zum täglichen Alltag einer Zelle. Neue Mutationen entstehen in einzelnen Individuen entweder in somatischen Zellen mit eventuellen gewebsspezifischen Auswirkungen oder aber in der Keimbahn und betreffen dann den gesamten Menschen.

Da bestimmte Veränderungen in der Sequenz der DNA sich nicht auf die Sequenz des RNA- beziehungsweise Proteinprodukts auswirken, spricht man in diesen Fällen von sogenannten stillen Mutationen. Mutationen der DNA, die die Sequenz der Genprodukte (RNA und Protein) verändern, müssen aber deshalb noch keine Auswirkungen auf die Zelle oder gar den Organismus haben. Solche Mutationen können sogar positive Auswirkungen haben. Positive Mutationen sind die wesentlichste Treibkraft der Evolution gewesen. Die meisten neu entstandenen Mutationen, die die Sequenz der Genprodukte verändern, haben jedoch wahrscheinlich eher schädliche Effekte für die Genprodukte und können daher zu Krankheit oder Tod führen. Aufgrund dieser sich daraus ergebenden natürlichen Selektion, die gegen solche Mutationen gerichtet ist, treten diese Mutationen jedoch selten innerhalb einer Population in Erscheinung. Von einem DNA-Polymorphismus spricht man in der Regel, wenn es sich um eine DNA-Veränderung handelt, die innerhalb einer Population mit einer Häufigkeit von mindestens 1% auftritt. Solch eine hohe Häufigkeit spricht nach den oben angeführten Aspekten natürlicher Selektion eher dafür, dass diese Mutationen keine negativen Auswirkungen haben. Ausgeschlossen ist das aber dadurch nicht.[14]

Der Nobelpreisträger James Watson beschreibt dieses Phänomen in dem oben bereits erwähnten Essay treffend:

If the gene copying process were perfect, life as it now exists never would have come about. Genetic disease is the price we pay for the extraordinary evolutionary process that has given rise to the wonders of life on Earth.[15]

Da es für das weitere Verständnis der Grundthese sowie vieler einzelner erläuterter Beispiele dieses Buches von großer Bedeutung ist, den Mutationsbegriff zu verstehen und die bestehenden Unterschiede zu erkennen, seien sie hier zum Abschluss dieses Kapitels noch einmal tabellarisch angeführt:

Mutation: jede Veränderung der DNA-Sequenz:

1) **Stille Mutation:** Veränderung der DNA-Sequenz, die aber die Sequenz der Genprodukte – RNA und Protein – nicht verändert

2) **Bei Mutationen, die die Sequenz der Genprodukte verändern, unterscheidet man:**
   a) Mutation ohne Auswirkungen
   b) Mutation mit positiven Auswirkungen
   c) Mutation mit negativen Auswirkungen: Zu diesen gehö-

ren pathogene Mutationen, die im Zusammenhang mit dem Ausbruch einer Krankheit stehen

DNA-Polymorphismus: Veränderung der DNA-Sequenz, die in einer Population mit einer Häufigkeit von mindestens 1% auftritt

Wo beginnt Krankheit?

Nach der bekannten Bestimmung der WHO bedeutet Gesundheit den „Zustand vollständigen körperlichen, geistigen und sozialen Wohlbefindens und nicht nur das Freisein von Krankheit und Gebrechen.“ Positiv an diesem Begriff ist die Hervorhebung der sozialen Dimension der Gesundheit und Krankheit sowie der Hinweis, dass sich Gesundheit nicht bloß als das Fehlen von Krankheit bestimmten lässt. Negativ an ihm ist sein latent utopischer und totalitärer Charakter. Die WHO-Definition weckt Anspruchshaltungen und begünstigt eine Erweiterung des Begriffs der Heilbehandlung. Nimmt man sie wörtlich, war nach ihr noch nie jemand wirklich gesund (G. Pöltner, 2002).[1]

Krank oder nicht krank?

Angenommen, ein Patient kommt zum Arzt und sagt von sich, er wäre krank. Der Arzt und alle in Folge noch weiter konsultierten Fachärzte können aber mit den ihnen zur Verfügung stehenden Untersuchungsverfahren keinerlei Anzeichen für irgendeine Erkrankung feststellen. Kann der Schluss sein, dass dieser Patient sich irrt und doch nicht krank ist? Natürlich nicht. Einerseits könnte auch durch die fiktive Anwendung aller noch so hoch technologisierten Untersuchungsverfahren der heutigen modernen Medizin niemals der Anspruch erhoben werden, alle Möglichkeiten ausgeschlossen zu haben. Ein Fall könnte konstruiert werden mit der Annahme, dass ein Tumor im Körper dieses Patienten groß genug ist, um Beschwerden zu verursachen, die dem Patienten das Gefühl geben, krank zu sein. Der Tumor könnte aber noch zu klein sein, um von den routinemäßig eingesetzten Bild gebenden Verfahren – oder zum Beispiel den üblichen Bestimmungen von Tumormarkern aus dem Blut – erfasst werden zu können. Das wäre also die erste von vielen Möglichkeiten: Der Patient leidet an einer dem heutigen Stand der Wissenschaft bekannten Erkrankung, die aber hinsichtlich ihrer messbaren Auswirkungen noch unter einem detektierbaren Schwellenwert liegt.

Eine andere Möglichkeit zur Auflösung dieses Beispiels wäre die Annahme, dass dieser Patient an einer Erkrankung leidet, die die heutige Medizin noch nicht kennt. Man würde sie vielleicht sogar nachweisen – beziehungsweise „beweisen" – können, aber niemand weiß, wie und wo man danach suchen müsste. Was wäre aber, wenn man davon ausgehen könnte, dass die Medizin einmal das Niveau erreicht, jede organische Krankheit, die den Körper eines Menschen betreffen kann, nachzuweisen – unabhängig davon, welches Krankheitsbild vorliegt und in welchem frühen Stadium sie auch ist. Solch eine Annahme übersteigt nicht nur heute unseren Gedankenhorizont, sondern es ist davon auszugehen, dass sie auch in jeder Zukunft „science fiction" bleiben wird. Aber hypothetisch wäre dem Patienten, der von sich selbst sagt, er sei krank, dann das Gegenteil bewiesen? Natürlich nicht. Dafür gibt es mehrere Gründe.

Einer der wohl wichtigsten ist, dass wir bisher die Möglichkeit einer psychischen Erkrankung noch nicht im hier notwendigen Maße angesprochen haben. Behauptet ein Patient von sich, er sei krank, und findet man dafür keine organische Grundlage (sei es nun, weil die Krankheit in einem noch frühen, nicht nachweisbaren Stadium ist, oder es zwar eine organische Grundlage gibt, man sie aber nach heutigen Stand der Wissenschaft noch nicht kennt oder es vielleicht gar keine organische Grundlage dafür gibt), so besteht der grundsätzliche Verdacht, dass es sich hierbei um eine psychische Krankheit handelt. Die Neurose ist sogar per Definition eine psychische oder psychosoziale Störung ohne nachweisbare organische Grundlage, bei der im Gegensatz zur Psychose der Realitätskontakt wenig oder gar nicht gestört ist.[2] Auf dem Gebiet psychischer Erkrankungen und deren Therapien konnten in den letzten Jahrzehnten einige der größten Erfolge der Wissenschaft im Allgemeinen erzielt werden. Die therapeutischen Möglichkeiten der Psychiatrie, der Seelenheilkunde, oder auch der Psychotherapie, der Behandlung von psychischen und psychosomatischen Störungen und Erkrankungen mit psychologischen Mitteln, befinden sich in permanenter Expansion. Wegen der offenbaren, stetigen Zunahme der Diagnosestellung der oben erwähnten „Neurose“, ist es für den Laien (und ich würde die Bezeichnung Laie auf diesem Gebiet für mich schon als Auszeichnung empfinden) schwer nachzuvollziehen, ob es daran liegt, dass man sie heute im Gegensatz zu früher kennt und daher diagnostizieren kann, oder ob wirklich eine Zunahme des Auftretens zu verzeichnen ist.

Bereits 1973 schreibt Erwin Ringel am Beginn eines Buchkapitels mit dem Titel „Das Wesen der Neurose“:

Man hat vielfach unser Zeitalter ein „neurotisches“ genannt und damit zum Ausdruck bringen wollen, dass die Zahl der Neurosen rapid zugenommen hat. Selbst wenn man berücksichtigt, dass die Entdeckung dieser Krankheit unserem Jahrhundert vorbehalten blieb – und dadurch natürlich viele Fälle von Neurosen jetzt beobachtet werden können, die früher unbeachtet geblieben wären – muss man zugeben, dass es offenbar tatsächlich zu einer Zunahme neurotischer Erkrankungen gekommen ist.[3]

Es ist wichtig herauszuarbeiten, dass im Zusammenhang mit dem Beispiel des Patienten, der sich selbst als krank bezeichnet, die Diagnosestellung eventueller psychischer Ursachen dem selben Voraussetzungsmuster folgen würde, wie oben für organische Ursachen beschrieben. Es besteht kein Zweifel, dass es klar definierte Vorgangsweisen und Interpretationsansätze für die Diagnostik psychischer Erkrankungen gibt. Hierbei gilt aber auch, wie oben bereits für eventuelle organische Erkrankungen beschrieben, dass es Detektionsschwellen gibt und Erkrankungen vorliegen können, die die moderne Wissenschaft noch nicht kennt.

Erwin Ringel schreibt im oben erwähnten Kapitel für das Beispiel der Neurosen dazu:

Die Neurose ist eine ernste Erkrankung mit vielfachen Folgen für den Betroffenen selbst und seine Umgebung. Diese Krankheit verrät sich durch typische Kennzeichen und Symptome, und man kann daher nur dort von einer Neurose sprechen, wo dieselben mit Sicherheit nachgewiesen sind. Aus dem klar definierten Krankheitsbegriff „Neurose“ ergeben sich mehrere Konsequenzen: Es ist zuerst einmal absolut unzulässig, jede seelische Spannung, etwa das Vorliegen von Problemen und Konflikten, wie es in jeder Existenz unvermeidbar bleibt, als Beweis einer bestehenden Neurose anzusehen. Wir müssen ferner endlich damit aufhören, Menschen, die uns unsympathisch sind und die wir deshalb herabsetzen wollen, als „Neurotiker“ zu bezeichnen, ja zu beschimpfen. Und andererseits, wenn jemand wirklich an einer Neurose leidet, geht es nicht an, diese Krankheit so zu bagatellisieren, als wäre sie gar keine. Wie oft kann man in völliger Verkennung des Unterschiedes zwischen Neurose und alltäglichen seelischen Schwierigkeiten den Satz hören: „Das habe ich alles auch gehabt, aber mit mir hat man keine Geschichten gemacht“![4]

Und jetzt eine noch gesteigerte und daher noch unrealistischere Hypothese. Wie bereits für die Diagnostik organischer Ursachen theoretisiert, bestünde in einer Zukunft der Medizin, in der der Mensch im Schnitt bereits 110 Jahre alt wird und Kinder nicht mehr unter Wehen sondern durch Herausheben aus einer künstlichen Gebärmutter „geboren“ werden, auch die Möglichkeit, alle existierenden psychischen Erkrankungen zu diagnostizieren. Würde man dann bei diesem Patienten auch keinerlei psychische Krankheit feststellen, wäre das der Beweis, dass er gesund ist, obwohl er sich selbst krank fühlt? Immer noch nicht![5]

Die Entscheidung darüber, ob in einem fiktiven Fall angenommener grenzenloser Möglichkeiten für die fehlerlose und vollständige Messbarkeit/Nachweisbarkeit aller physischen und psychischen Krankheiten des Menschen dieser Patient als gesund bezeichnet werden könnte, obwohl er sich selbst krank fühlt, ist abhängig von folgender Frage: Ist Krankheit eine nach objektiven Kriterien von einem Gegenüber bestimmbare Größe, oder ist es etwas subjektiv Empfundenes und daher auch aus subjektiven Standpunkten zu Definierendes? Wenn letzteres stimmt, so ist der Patient krank, auch wenn alle messbaren Werte, alle mögliche Diagnostik dagegen sprechen. Stimmt allerdings ersteres, muss man voraussetzen, dass Krankheit nach objektiven Kriterien bestimmbar beziehungsweise ausschließbar ist.

Ist eine Definition möglich?

Schlägt man in allgemein gebräuchlichen Lexika nach, so findet man als Definition für Krankheit, sie sei eine Störung im Ablauf der Lebensvorgänge, die man durch Diagnose erkennt, durch Prophylaxe zu verhüten sucht, durch Therapie heilt und deren mutmaßlichen Verlauf man durch Prognose bestimmt. Im selben Lexikon findet man unter dem Begriff „Behinderte" die Definition, es handle sich um Personen, die durch angeborene oder erworbene Schädigungen in unterschiedlichem Schweregrad bleibend geistig, körperlich oder seelisch beeinträchtigt sind.[6] Auf die Frage, ob Krankheit nun subjektiv vom Patienten selbst oder objektiv von einem Gegenüber definiert werde oder werden solle, wird dabei nicht näher eingegangen. Etwas genauer dazu eine von mehreren

Definitionen des Begriffs „Krankheit“ im klinischen Wörterbuch: Krankheit ist eine Störung der Lebensvorgänge in Organen oder im gesamten Organismus mit der Folge von subjektiv empfundenen, beziehungsweise objektiv feststellbaren körperlichen, geistigen oder seelischen Veränderungen. Unter „Behinderung“ findet man dort, neben anderen Definitionen, die folgenden: Bezeichnung für Einschränkung des Wahrnehmungs-, Denk-, Sprach-, Lern- und Verhaltensvermögens; von der WHO in Impairment (Schädigung), Disability (Funktionsbeeinträchtigung) und Handicap (Benachteiligung, Behinderung) differenzierte Bezeichnung.[7] Bei genauer Betrachtung dieser Definitionen wird klar, dass den subjektiven Einschätzungen des Patienten parallel zur ärztlichen Beurteilung, wie ich meine sehr zurecht, große Bedeutung beigemessen wird.

Eine Medizin mit einem reduktionistischen Blick auf die biologische Funktionstüchtigkeit eines Organismus könnte Krankheit eben als das nicht-Funktionstüchtige, die Störung des normalen Ablaufs einstufen. Die Funktionalität würde sich dann aus dem Vergleich zu einer biologischen Normalität im Sinne des artspezifischen Durchschnitts herleiten. Die Schwierigkeiten, die sich automatisch ergeben, wenn man Abweichungen vom Durchschnitt als Maß für die Definition von Krankheit zu nehmen gewillt ist, sind kaum einschätzbar oder gar erfassbar. Dies gilt allerdings für beide Rollen, die des Patienten und die des Arztes. Im nächsten Kapitel soll darauf eingegangen werden.

Es erscheint völlig aussichtslos und sinnlos, die Frage ausdiskutieren zu wollen, ob der Patient selbst oder der Arzt als Gegenüber in diesem Zusammenhang maßgeblich sei. Wahrscheinlich – oder sogar ziemlich sicher – sind es beide zugleich und zu gleichen Teilen.

Der am Anfang dieses Kapitels erwähnten Definition von Gesundheit der WHO folgend, ist Krankheit nicht das Gegenteil von Gesundheit. Jemand kann frei von Krankheit sein, aber trotzdem nicht gesund. Für das Konzept der diesem Buch zugrunde liegenden These ist es aber von größerer Bedeutung, klar zu machen, dass umgekehrt jemand zwar pathologische Werte im Vergleich zu in diesem Zusammenhang verwendeten Normalwerten haben kann, aber trotzdem nicht krank sein muss. Es ist sehr wichtig, sich vor Augen zu führen, dass man zwar ein „krankes Gen" haben kann, aber deshalb noch nicht krank sein oder werden muss. Egal also, welche Definitionen auch zur Anwendung kommen sollen, einen unabwendbaren genetischen Determinismus für diese Fragestellungen gibt es nicht. Oder man müsste genauer sagen: Es gibt einen genetischen Determinismus leider noch viel zu oft, man kann ihm aber entkommen, und es muss Ziel sein, ihm immer öfter zu entkommen.

Krank ist nicht gleich krank

Definieren wir als „krankes Gen" ein Gen, das eine Mutation trägt, die krankheitsauslösend sein kann. Der durchschnittliche Normalwert wäre dann also die Gensequenz, die diese Mutation nicht in sich trägt, und als pathologischer Wert wäre das Gen mit dieser Mutation einzustufen.

Eine Kernthese dieser Ausführungen bezieht sich darauf, dass dieser „pathologische Wert", also das mutierte Gen, seinen Träger nicht krank machen muss. Gründe dafür gibt es viele. An dieser Stelle seien nur ein paar näher ausgeführt:

1) Eine andere genetische Veränderung, die dieser Patient gleichzeitig trägt, kann diese normalerweise krankheitsauslö-

sende Mutation kompensieren. Dementsprechend gibt es also vielleicht sogar eine genetische Ursache dafür, dass der Nachweis einer bestimmten Mutation durch einen Gentest noch nicht notwendigerweise bedeutet, dass dieser Patient an der entsprechenden Krankheit erkranken muss.

Worauf ich aber eigentlich hinauswill, ist, dass es im Zusammenhang mit genetischen Ursachen von Erkrankungen offensichtlich eine viel höhere und unangebrachte Bereitschaft gibt, von Bestimmung, Determinismus zu sprechen als bei vielen anderen „medizinischen Messwerten". Niemand würde aufgrund eines für eine bestimmte Krankheit signifikanten, veränderten Blutwertes zu dem Schluss kommen, dass dieser Patient an dieser Krankheit leidet, obwohl man keinerlei Symptome dieser Krankheit nachweisen konnte. Es kann sein, dass derlei veränderte Blutwerte Anlass bieten, bestimmte medizinische Maßnahmen zu setzen, um ein eventuelles Ausbrechen der entsprechenden Krankheit zu verhindern. Unabhängig davon, ob diese Krankheit schließlich wirklich ausgebrochen wäre oder nicht, würde man diese medizinischen Maßnahmen vielleicht prophylaktisch einsetzen. Aber selbst wenn die Erkrankung, für die die angesprochenen Veränderungen der Blutwerte charakteristisch sind, bereits ausgebrochen ist, handelt es sich oft (leider nicht immer) um einen reversiblen Prozess. Dieser Prozess ist reversibel, sofern eine Therapie für die Heilung dieser Krankheit existiert. Noch zur weiteren Verdeutlichung sei in Erinnerung gerufen, dass ein sehr großer Anteil der europäischen Bevölkerung für das Herpes-Virus positiv ist. Dies heißt, dass dieses Virus in den Körperzellen der Träger sitzt und immer wieder ausgelöst durch eine Vielfalt verschiedenster Reize aktiv wird und leichte bis schwerere Krankheitsbilder verursacht. Eine sehr weitbekannte Konsequenz dieser Aktivität ist zum Beispiel die Entstehung sogenannter Fieberblasen. Unter Einsatz bestimmter Medikamente sind Fieberblasen aber sehr oft gut therapierbar und danach ohne weitere Auswirkungen.

Dieses Beispiel ermöglicht, wie ich hoffe, einen einfacheren Übergang zu der Frage nach dem Determinismus „kranker Gene“. Ist jemand Träger einer Mutation in einem Gen, das bekannter Weise an der Initiation einer Krankheit beteiligt sein kann, so bleibt er das – ähnlich wie im Fall eines Trägers von Herpes-Viren – ein Leben lang. Die Frage aber, ob diese Mutation beim Träger wirklich zum Ausbruch einer Krankheit führt, ist von unzähligen Parametern abhängig, so dass es vorerst absurd erscheint, einen Anspruch auf eine Beantwortung zu erheben.

2) Kennt man die Erkrankung, die vom entsprechenden „kranken Gen“ verursacht wird, so kann eventuell der Einsatz bestimmter prophylaktischer Maßnahmen den Ausbruch der Krankheit verhindern.

In diesem Fall ist also jemand Träger eines „kranken Gens“; der Ausbruch, oder vielleicht besser gesagt das Auftreten bestimmter klinischer Symptome der entsprechenden Erkrankung wird aber durch gezielte Prophylaxe verhindert. Hierzu können einerseits genetisch bestimmte Erkrankungen zählen, für die bereits wirkungsvolle prophylaktische medikamentöse Maßnahmen entdeckt und entwickelt wurden. Andererseits kann der Ausbruch der entsprechenden Krankheit aber genetisch und zugleich von Umwelteinflüssen bestimmt sein. In diesem Fall könnte es zum Beispiel sein, dass lediglich eine abgestimmte Lebensführung ohne Einnahme von Medikamenten notwendig ist, um das Auftreten der für diese Krankheit charakteristischen, klinischen Symptome zu verhindern. In den nächsten Kapiteln wird auf diese und andere wichtige Unterscheidungen noch detailliert eingegangen.

3) Eine genetische Anlage, ein „krankes Gen", kann auch zu einer Erkrankung führen, für die bereits sehr gute Therapien entwickelt wurden. Der Patient wird also wieder gesund, obwohl er immer noch Träger des „kranken Gens" ist.

Der Mensch trägt ja von Natur aus seine Gene von Beginn an bis zu seinem Ende und kann daran, abgesehen von einem eventuellen zukünftigen Einsatz ganz bestimmter gentechnologischer Methoden, nichts ändern. Wie fließend die Übergänge zwischen den beiden letztgenannten Gründen dafür, dass „kranke Gene" nicht krank machen müssen, sind, verdeutlicht wahrscheinlich das folgende Beispiel: Phenylketonurie ist eine Stoffwechselerkrankung mit einer Auftretungshäufigkeit von ungefähr 1 : 10.000. Ein Gendefekt führt bei der klassischen Form zu einer Störung der Verstoffwechslung von Phenylalanin aufgrund verminderter Phenylalaninhydroxylase-Aktivität. Es kommt bereits im ersten Lebensjahr zu schweren, irreversiblen geistigen und körperlichen Fehlbildungen. Wird so früh wie möglich eine streng eiweißarme Diät und Ergänzung mit industriell aufbereiteten phenylalaninfreien Aminosäuregemischen gegeben, so ist das Auftreten des sonst typischen klinischen Erscheinungsbildes verhinderbar. Dies hat international zu einer breiten Anwendung biochemischer Neugeborenenuntersuchungen auf Phenylketonurie geführt.[8] Ein Träger des Gendefekts für Phenylketonurie kann also durch den Einsatz entsprechender Diäten seinem genetischen Determinismus entkommen. Obwohl er sein Leben lang Träger des „kranken Gens" bleibt, kann er vom entsprechenden Krankheitsbild verschont bleiben.

Ein weiterer Grund, der hier zu nennen wäre, nimmt Bezug auf die in diesem Kapitel aufgeworfene Frage und bringt uns ohne Vorwarnung bereits in das nächste Kapitel. Was also ist überhaupt eine Krankheit? Oder in diesem Zusammenhang passender bemerkt:

4) Was für den Einen eine Krankheit ist, muss für den Anderen keine sein!

Die oben geführte Diskussion des Einflusses subjektiver Interpretationen auf das Krankheitsempfinden ist es, die hier allgemein anwendbare Regeln grundsätzlich in Frage stellen muss. Dem Einen also graut vor dem Ausbruch der mit dem „kranken Gen“ assoziierten Erkrankung, während der andere getrost in die Zukunft blickt, da er diese Krankheit nicht als solche empfindet. Beispiele zur Erläuterung dieses und ähnlicher Aspekte werden in Folge noch öfter angeführt werden. Viel wichtiger aber ist die Möglichkeit, dass es Umwelteinflüsse gibt, die maßgeblich neben dem „kranken Gen“ zum Ausbruch dieser Krankheit führen. Für den einen ist eine entsprechende aktive Einflussnahme auf diese Umwelteinflüsse, zum Beispiel das Einhalten einer strengen Diät, ein nicht bewältigbares, vielleicht sogar per se bereits krankmachendes Los, für den anderen eine Leichtigkeit.

Der Mediziner und Theologe Dr. Matthias Beck schreibt:

Je nach Welt- und Menschenbild wird der einzelne mit diesem In-Frage-Gestellt-Werden durch eine Krankheit anders umgehen. Er wird eine Erkrankung entweder als „Pech“, als hinzunehmenden Schicksalsschlag, als Strafe Gottes, als rein naturwissenschaftliches Geschehen, als Folge seelischer Konflikte oder als zu interpretierenden „Anruf“ des Lebens, des Schicksals oder Gottes für sein persönliches Leben deuten.

Der eine wird eine Bedeutung in der Krankheit erkennen, der andere wird sie als sinn- und bedeutungsloses Geschehen betrachten. Dementsprechend unterschiedlich werden die Einstellungen zu einer Erkrankung sein. Je nach Zugang werden dann auch die Erwartungen und Forderungen an die Medizin stark divergieren.[9]

Einem genetischen Determinismus „kranker Gene" kann man ohne Zweifel durch die Entwicklung und Anwendung von Prophylaxe und Therapie entrinnen, vielleicht aber sogar auch durch die Kraft der Psyche?

Gentechnische Verbesserungen?

Bevor wir aber in den noch folgenden vier Kapiteln dieses ersten Teils, der sich mit dem Notwendigsten an Wissen als *Voraussetzungen* für den Einsatz von Gentests beschäftigt, die Fragen diskutieren, welche Krankheiten wie und vor allem auch zu welchem Anteil genetisch mitbestimmt seien und was davon testbar sei, noch ein paar Worte zu einem Trend der modernen Medizin, der sich naturgemäß auch in die Gendiagnostik ausweitet:

Das „Enhancement"

Der Tübinger Professor für theologische Ethik, Dietmar Mieth, beschreibt diesen Trend, so wie ich meine passend, wie folgt:

> *Durch die technischen Möglichkeiten der Medizin sind die Grenzen zwischen Therapie im Sinne der Behebung oder Besserung von Krankheiten einerseits und Anhebung, Besserung, Stärkung von Merkmalen, die bisher auf einem „Gesunden", normalen, durchschnittlichen Level stehen, fließend geworden (sogenanntes „enhancement"). Mit den neuen Methoden der Gentechnik werden sie noch fließender werden. Je subjektiver die Kriterien des Wohlbefindens sind und je mehr sie gesellschaftlich anerkannt werden, um so schwerer wird es, hier Grenzen zu ziehen. Krankheit und Gesundheit erscheinen somit als flottierende Begriffe. Je individueller sie gefasst werden, umso mehr unterliegen sie dem Druck des sozialen Trends auf das Individuum: Es soll jung, schön und leistungsfähig, also perfekt sein.*[1]

Ich glaube, es besteht kein Zweifel, dass dieser Trend nicht durch die Gentechnik ausgelöst wurde. Welche Ursachen ihm auch immer zugrunde liegen, es erscheint mir entscheidend die Frage stellen zu dürfen, ob und inwieweit ein, wie im vorigen Kapitel diskutiert, so dehnbarer und von subjektivem Empfinden so abhängiger Krankheitsbegriff nicht als Argument für das Verlangen nach medizinischen Behandlungen und Eingriffen zur Erfüllung persönlicher Wunschvorstellungen missbraucht werden könnte. Welche Rolle könnte dabei der Einsatz von Gendiagnostik spielen?

Das Alter

Unsere Gesellschaft wird immer älter. Österreich und Deutschland könnten als Beispiele für durchschnittliche und daher vielleicht sogar zu einem gewissen Grad repräsentative europäische Länder genommen werden. Wenn auch die absoluten Zahlen in verschiedenen europäischen Ländern divergieren, so ist doch gerade an diesen Beispielen der gesellschaftliche Trend zu einer Verschiebung des demographischen und politischen Gewichts hin zu den Älteren gut darstellbar. Rainer Münz, Professor für Bevölkerungswissenschaft an der Humboldt Universität in Berlin, schreibt, dass unsere Vorfahren um 1850 im Schnitt 38 Jahre alt wurden, 1950 Männer in Österreich eine Lebenserwartung von 64, Frauen von 68 Jahren hatten und heute Männer in Deutschland wie in Österreich durchschnittlich 74 und Frauen 80 Jahre alt werden. Die allgemeine Alterung der Gesellschaft wird aber noch von einem zweiten Phänomen begünstigt. Im Laufe der letzten hundert Jahre hat die durchschnittliche Kinderzahl pro Familie von ungefähr vier auf etwas mehr als ein Kind abgenommen. In Summe ergeben sich daraus die so verblüffenden Zahlen, dass heute zum Beispiel in Österreich 1,6 Millionen über 60-Jährige leben, und es nach dem Jahr 2030 mindestens 2,7 Millionen sein werden. Deutschland verliert zum Beispiel jährlich 200.000 Einwohner, da mehr Menschen sterben als geboren werden. Welche politischen Auswirkungen das auf Fragen der Pensionsfinanzierung, Krankenversicherung oder allgemeiner auf die Bedürfnisse gegenüber medizinischen Dienstleistungen hat, muss man unter dem Gesichtspunkt diskutieren, dass eine Mehrheit der Wahlberechtigten über 50 Jahre alt sein wird.[2] Diese Entwicklungen haben zweifellos quantitative Einflüsse auf die Nachfrage nach medizinischen Dienstleistungen. Das Altern wird schließlich als Prozess definiert, der körperlich und geistig agile und gesunde Erwachsene in weniger fitte Individuen mit zunehmender Anfälligkeit für Verletzungen, Krankheit und Tod verwandelt. Es muss an dieser Stelle eine Tatsache vorweg genommen werden, die in den folgenden Kapiteln noch detailliert erläutert wird: Es gibt viele genetisch bestimmte, beziehungsweise mitbestimmte Erkrankungen, die erst in einem höheren Lebensalter in Erscheinung treten, obwohl der Patient die entsprechenden genetischen Anlagen dafür bereits seit seiner Zeugung trägt. Die oben erwähnten Trends führen ohne Zweifel dazu, dass aufgrund der steigenden Lebenserwartung in Zukunft die klinischen Auswirkungen dieser Erkrankungen immer öfter immer länger erlebt werden. Das sich zugleich in Richtung älterer Wählergruppen verschiebende politische Gleichgewicht wird konsequenterweise dazu führen, dass darüber von politischer Seite her nachgedacht werden muss. Schon heute kommt ein breites Spektrum medizinischer und nicht-medizinischer Maßnahmen zum Einsatz, um im Zuge der sogenannten „Anti-Aging-Medizin“ die Entwicklung von altersabhängigen Krankheiten und Veränderungen zu verhindern beziehungsweise zu verlangsamen. Bei vielen dieser „therapierten“ Veränderungen stellt sich natürlich die Frage, inwieweit es sich dabei um Krankheiten im klassischen Sinn handelt. Inwieweit öffnet hierbei ein postulierter subjektiver

Krankheitsbegriff Tür und Tor für ein sehr breit gestecktes Anwendungsspektrum? Immer mehr weichen in unserer heutigen Gesellschaft exogene Faktoren, wie Nahrungsmangel, niedrige Hygienestandards oder Epidemien, endogenen Ursachen für Krankheit und Tod. Zu den letzteren gehören zum Beispiel Osteoporose, Diabetes aber auch das große Spektrum an verschiedenen Herz-Kreislauf-Erkrankungen oder verschiedener Krebserkrankungen. Die meisten dieser Erkrankungen sind sowohl von genetischen Faktoren als auch von Umwelteinflüssen abhängig. Inwiefern es Gentest für diese Anlagen gibt, wird in den folgenden Kapiteln diskutiert. An dieser Stelle soll vorerst nur auf folgende Fragen fokussiert werden: Was am natürlichen Alterungsprozess kann unter subjektiven oder objektiven Normen zur Krankheitsbestimmung von einem Menschen als Krankheit empfunden werden? Anti-Aging-Medizin macht sehr viel Sinn, wenn sie richtig verstanden und angewandt wird. Eine Veränderung der Umwelteinflüsse, von „Lifestyle“-Beratung bezüglich Ernährung oder Sport bis hin zum sinnvollen Einsatz bestimmter Medikamente, zum Zweck der Steigerung von Lebensqualität oder auch Lebenserwartung muss das erklärte Ziel sein. Die große Bedeutung sinnvoll eingesetzter Gentests muss hierbei unterstrichen werden. Es ist ein realistisches Szenario, beispielsweise durch die Testung eventueller genetischer Anlagen und einer daraus resultierenden möglichen Risikoabschätzung ganz bestimmte Beratungskonzepte (eben betreffend Ernährung oder auch den Einsatz von Medikamenten) zu entwickeln, die das individuelle Risiko eines Auftretens einer bestimmten Herz-Kreislauf-Erkrankung im Alter vermindern. Wer möchte nicht gerne wissen, für welche im Alter gehäuft auftretenden Erkrankungen er gefährdet ist, um entsprechend durch gezielte Lebensführung diesem Risiko entgegenwirken zu können? Es besteht kein Zweifel, dass das ein neuer und in Zukunft an Bedeutung wesentlich zunehmender Aspekt öffentlicher Gesundheitsvorsorge sein wird.

Fragen, die hierbei aber mit Nachdruck diskutiert werden müssen, sind: Was an alters-assoziierten Veränderungen kann von dem einen als Krankheit interpretiert werden, was von einem anderen für ihn selbst nicht als Krankheit eingestuft werden würde? Inwieweit ist Subjektivität bei solchen Interpretationen gewollt oder zulässig? Für welche dieser Veränderungen gibt es vielleicht sogar genetische Faktoren, die mitbeeinflussend und durch Gentests untersuchbar sind?

Die Schönheit

Eine Vernetzung beziehungsweise Vermischung der Aspekte des Alterns und der der Schönheit ist in diesem Zusammenhang vorprogrammiert. Lucas Cranach hat 1546 sein Bild vom Jungbrunnen gemalt, auf dem zur rechten Seite alte Menschen ins Wasser steigen und zur linken Seite verjüngt aus dem Wasser kommen. Dieser seit Jahrhunderten flackernde Wunschtraum ist natürlich getrieben davon, dass solche Verjüngungen primär verlorengegangene Gesundheit und Vitalität wiederbringen würden. Es würde doch niemand rechts ins Wasser dieses Jungbrunnens steigen, um links schön herauszukommen. Jung ist doch nicht schöner als alt!? Alte Menschen sind doch genauso schön – nicht nur trotz, sondern gerade weil sie die Zeichen des Alters tragen. All diese Annahmen sieht man schwer in Frage gestellt, betrachtet man die heutigen gesellschaftlichen Trends in der Werbe- oder Modebranche.

Wir haben bereits einmal die Vielfalt der Probleme angesprochen, die sich ergeben, wenn man Krankheit von einem Funktionalitätsbegriff her definiert, der aus dem Vergleich zu einer biologischen Normalität im Sinne des Durchschnitts herleitbar wäre. Dietmar Mieth fragt zum Beispiel: Welcher Mangel an Körpergröße wird als Krankheit indiziert?[3] Ich frage unter dem Überbegriff Schönheit, welche Veränderungen oder Entstellungen des menschlichen äußeren Erscheinungsbildes als Krankheit eingestuft werden, und ab wann chirurgische Interventionen ausschließlich unter den oben angesprochenen Aspekt des „Enhancement" einzuordnen wären. Ich glaube, es ist Konsens darüber zu erzielen, dass es viele solche äußeren Veränderungen gibt, bei denen man bei dem betroffenen Patienten nachvollziehen kann, dass er sich deshalb krank fühlt. In diesen Fällen ist dieses subjektive Krankheitsempfinden also offenbar auch objektiv aus der Sicht der Nicht-Betroffenen gerechtfertigt.

Angenommen aber, es gäbe genetische Prädispositionen, ähnlich jenen für ein erhöhtes Risiko für das Auftreten bestimmter Herz-Kreislauf-Erkrankungen, auch für verfrühtes und sehr ausgeprägtes Auftreten von Falten der Haut oder Körperbauveränderungen, die bekannter Weise typisch für den Alterungsprozess sind. Es muss gleich an dieser Stelle die Frage eingeworfen werden: In welchem Alter wäre für wen das Auftreten verfrüht, und ab wann wären diese Veränderungen für wen zu ausgeprägt? Was die genetischen Anlagen dafür betrifft, ist der oben verwendete Konjunktiv eigentlich nicht gerechtfertigt. Natürlich ist auch das Auftreten dieser so bekannten Veränderungen (zu früh oder nicht zu früh, zu viel oder nicht zu viel davon) genetisch mitbestimmt. Der Konjunktiv muss sich eher auf die Frage beziehen, ob man verantwortliche genetische Faktoren kennt und mittels Gentest bestimmen kann. Auch hier sind, wie bereits am Beispiel von Herz-Kreislauf-Erkrankungen erläutert, genetische Faktoren und Umwelteinflüsse beteiligt. Es geht hier also nicht darum, jemandem aufgrund eines Gentests sagen zu können, dass er einmal im Alter Falten bekommen wird. Dafür benötigt man nun wirklich keinen Gentest, das merken wir alle auch so früh genug. Es ginge, um nur ein praktisches Beispiel zu nennen, darum, aufgrund von Gentests Voraussagen darüber machen zu können, welche Kosmetika oder auch Medikamente bei welchem Hauttyp das Auftreten von Falten am besten verhindern können. Dass das möglich sein wird und zum Teil auch heute schon ist, wird noch sehr detailliert in den folgenden Kapiteln und vor allem auch im Kapitel „Die persönliche Medizin" erläutert. In diesem Kapitel wird es unter anderem um den Einsatz von Gentests zur besseren Einschätzung dessen gehen, welches Medikament wem aufgrund genetischer Anlagen (Polymorphismen) effizienter und mit geringeren Nebenwirkungen hilft. Gerade in der Anti-Aging-Medizin werden Behandlungsmethoden eingesetzt, gegen die in jüngster Zeit schwere Vorwürfe wegen dadurch entstehender medizinischer Risiken erhoben wurden. Die gegen menopausale Beschwerden eingesetzten Hormonsubstitutionstherapien sollen zum Beispiel das Brustkrebsrisiko erhöhen.[4] Es erscheint durchaus ein realistisches Szenario zu sein, eventuell einmal durch einen (entsprechend bestimmter genetischer Prädispositionen betreffend Verträglichkeit, Nebenwirkungen etc.) abgestimmten Einsatz von Präparaten auch solche postulierten (und noch zu überprüfenden) Risiken beeinflussen zu können. Man muss an dieser Stelle fragen, ob Gentests, die Wahrscheinlichkeitsaussagen betreffend Zeitpunkt des Auftretens, Ausmaß und den optimalen Einsatz von Gegenmitteln für bestimmte Alterserscheinungen erlauben, auch als Rechtfertigung für eine Kostenübernahme der „Therapie" durch die öffentliche Hand dienen könnten. Und das alles unter dem Gesichtspunkt, dass diese Fragen in Zukunft das größte

Wählerpotential betreffen. Wer von sich sagt, er selbst sei gegen diese Entwicklungen immun, da er nicht eitel genug sei, möge darauf achten, ob er sich dabei durch die Haare fährt (wenn er das noch kann), um zu gewährleisten, dass die Frisur richtig sitzt.

Optimierung des Gemütszustandes

Das Ergebnis von Gentests als Rechtfertigung für bestimmte Lebenszustände, Lebenssituationen oder für den Einsatz medizinischer Dienstleistungen – dieser Aspekt hat auch in anderen Zusammenhängen große Bedeutung.

In seinem aktuellen Buch[5] erzählt Francis Fukuyama, Professor für internationale politische Ökonomie in den USA, von der hitzig geführten Diskussion darüber, ob das bekannte Aufmerksamkeits-Defizit/Hyperaktivitäts-Syndrom als Behinderung anerkannt werden soll oder nicht. Dieses Syndrom wurde in den Vereinigten Staaten in die offizielle Liste der Behinderungen aufgenommen, was unweigerlich zu einer breiten polarisierten Diskussion geführt hat. Dieses Syndrom tritt, wie wahrscheinlich weithin bekannt, hauptsächlich bei Jungen auf und äußert sich unter anderem dadurch, dass sie in der Schulklasse nicht still sitzen können. Die Frage war also, ob die für dieses Syndrom charakteristischen Symptome wirklich Auswirkungen einer Erkrankung im klassischen Sinn sind, oder ob es sich dabei nur um einen bestimmten nicht so häufigen Teil des menschlichen Verhaltensspektrums handelt. Die offizielle Anerkennung dieses Syndroms als Krankheit hat rechtliche Konsequenzen für die Betroffenen: Sie können Ansprüche aufgrund bestimmter Behindertengesetze erheben wie andere Behinderte auch. Außerdem gibt es eine medikamentöse „Therapie". Hierbei kommt Ritalin, ein Stimulans für das zentrale Nervensystem, zum Einsatz. Viele Menschen in den Vereinigten Staaten haben sich über die hohen Kosten beklagt, die durch die gegenwärtig in ihrem Land gültigen Definitionen von Krankheit und Behinderung nach dem Gesetz entstehen. Andere erheben hierbei zusätzlich den Einwand, dass eine Anerkennung dieses Syndroms als Behinderung davon ausgeht, dass für diesen Zustand, der doch biologische und psychologische Ursachen hat, die biologischen Ursachen vorherrschen würden.

Personen, die in Wirklichkeit ein gewisses Maß an Kontrolle über ihr Verhalten haben, wird versichert, dass dies nicht der Fall sei, und der nichtbehinderte Teil der Gesellschaft stellt dann Mittel und Zeit zur Verfügung, damit die Betroffenen mit Kompensation für etwas ausgestattet werden, was zumindest zum Teil ihrer Kontrolle unterliegt.[6]

Der Einsatz von Medikamenten wie Ritalin gegen Hyperaktivität oder Prozac gegen Depressionen ist immer dann gerechtfertigt, wenn dies Menschen zu einer normalen Lebensführung verhilft, zu der sie aus eigenen Stücken nicht mehr in der Lage sind – natürlich vorausgesetzt, dass sie unter diesem Zustand leiden. Diese und ähnliche Medikamente werden aber auch nur zur Verbesserung („Enhancement") grundsätzlich eigentlich normaler Verhaltens- und Gemütszustände eingesetzt. Unter dem Druck nach beruflichem Erfolg und gesellschaftlicher Anerkennung werden diese Psychopharmaka eingesetzt, um mit angepassten Gemütszuständen die Chancen zu optimieren.

Diskussionen über biologische/genetische Ursachen und Therapierbarkeit durchziehen schon seit langer Zeit ein weites Spektrum verschiedener Themen der Verhaltensforschung. So argumentiert der Verteidiger, dass sein Klient nur straffällig geworden ist, weil er eine stark ausgeprägte genetische

Prädisposition für Kriminalität hat und daher eigentlich nichts dafür kann. Der Ankläger aber fordert im selben Fall eine lange Haftstrafe, da der Angeklagte doch so eine hohe genetische Prädisposition für Kriminalität hat und dadurch ein so hohes Risiko für Wiederholungstaten besteht.

Es besteht kein Zweifel, dass die meisten mit dem Alter gehäuft assoziierten Erkrankungen (wir haben Herz-Kreislauf-Erkrankungen, Krebserkrankungen etc. erwähnt), die meisten Merkmale und Phänomene, die vielleicht im Zusammenhang mit Schönheit stehen (wir haben zum Beispiel von faltenfreier Haut gesprochen) und auch die meisten Verhaltensauffälligkeiten (zum Beispiel Hyperaktivität, Depressionen, kriminelles Verhalten) sowohl genetische Ursachen als auch Umweltursachen haben. Die Fragen, die man beantworten muss, bevor man den *Nutzen* und die *Auswirkungen* des Einsatzes von Gentests in diesem Zusammenhang beleuchten kann, sind:

1) Gibt es Erkrankungen, die primär genetisch (durch Mutationen) bestimmt werden?
2) Im Gegensatz (beziehungsweise ergänzend) zu der erstgenannten: Gibt es auch genetische Anlagen, die nicht primär den Ausbruch einer Erkrankung beeinflussen, aber das Risiko dafür maßgeblich mitbestimmen?
3) Wie viel Einfluss haben die Gene, wie viel die Umwelt auf die Ausprägung von Verhalten und Merkmalen des Menschen? Ein Zusammenspiel dieser ersten drei Fragen ergibt sich aus der bereits angesprochenen Diskussion, ab wann welches Verhalten, welche Merkmale des Menschen von wem als Krankheit empfunden werden.
4) Welche Art von Gentests gibt es, und was können durch ihren Einsatz in Bezug auf die Beantwortung der drei

oben genannten Fragen für Schlüsse aus den Ergebnissen solcher Tests gezogen werden?

Diese vier Fragen sollen nun in den vier folgenden Kapiteln behandelt werden. Die Diskussion über Krankheit, Norm und „Enhancement“ wurde in diesem Kapitel der *Voraussetzungen* und nicht im Zuge der Bearbeitung der *Auswirkungen* der Anwendung von Gentests geführt, da es wichtig ist, ein paar „eventuelle Erwartungen“ zu wecken, bevor man über die Aussagekraft der zur Verfügung stehenden Gentests eben im Hinblick auf diese Erwartungen spricht.

Die genetische Anlage für das Kranksein

Chromosomen

Wie bereits ganz kurz erläutert, hat der Mensch in der Regel 46 Chromosomen. Es handelt sich hierbei um 23 Chromosomenpaare, da jedes Chromosom zweimal vorliegt – einmal von der Mutter und einmal vom Vater. Neben 22 Chromosomenpaaren, die auch Autosomen genannt werden, gibt es auch zwei Geschlechtschromosomen. Frauen haben als Geschlechtschromosomen zwei X Chromosomen, Männer ein X- und ein Y-Chromosom. Chromosomen bestehen aus sehr kompaktiert aufgefädelter in Protein gehüllter und/oder durch Protein gestützter DNA. Ein Teil dieser in Chromosomen aufgefädelten DNA sind die menschlichen Gene. Der weit überwiegende Teil dieser DNA bildet keine Gene, und seine Funktion gilt es noch zu erforschen.[1]

Durch bestimmte Labormethoden können die Chromosomen eines Menschen präpariert und spezifisch angefärbt werden. Im Zuge solch einer zytogenetischen Untersuchung werden die Chromosomen unter dem Mikroskop analysiert und nach Größe und Struktur geordnet – es wird ein sogenanntes Karyogramm erstellt. Solche Chromosomenuntersuchungen dienen zur Diagnostik bestimmter genetischer Erkrankungen, da Abweichungen/Veränderungen an den Chromosomen mit der Entstehung bestimmter Krankheiten im Zusammenhang stehen können.[2] Veränderungen der Chromosomenzahl werden Genommutationen genannt. So ist zum Beispiel das Vorhandensein von drei (anstelle von zwei) Chromosomen 21 charakteristisch für das Down Syndrom, drei Chromosomen 13 führen zum Pätau und drei Chromosomen 18 zum Edwards Syndrom. Veränderungen der Chromosomenstruktur werden Chromosomenmutationen genannt. Es kann unter anderem zum Verlust eines Chromosomenstückes (Deletion), zur Verdopplung (Duplikation) oder zur Änderung der Position eines oder mehrerer Chromosomensegmente (Translokation) kommen. Viele Krankheiten sind bekannt, die durch Chromosomenmutationen ausgelöst werden. Damit auch hier ein paar Beispiele angeführt werden, wären zu nennen: das Wolf Syndrom (Deletion am Chromosom 4), das Cri-du-Chat Syndrom (Deletion am Chromosom 5) oder das DiGeorge Syndrom (Deletion am Chromosom 22).[3]

Die in diesem Buch erarbeitete These unter dem provokanten unwissenschaftlichen Begriff der „kranken Gene" schließt grundsätzlich Genommutationen und Chromosomenmutationen nicht ein. Diese These wurde für den Einsatz und die Anwendung von sogenannten „Gentests" entwickelt.

Obwohl die oben beschriebenen zytogenetischen Chromosomenuntersuchungen eindeutig genetische Diagnoseverfahren darstellen, werden sie in der Regel nicht unter dem Begriff „Gentest" subsumiert. Klassische Chromosomenuntersuchungen sind schon seit vielen Jahren Bestandteil medizinischer Genetik. Bereits 1959 entdeckten etwa die Wissenschaftler Lejeune, Gautier und Turpin den Zusammenhang zwischen dem Vorliegen von drei Chromosomen 21 und dem Down Syndrom.[4] Die aktuellen Fortschritte auf dem Gebiet der Molekulargenetik mit dem weithin bekannten Meilenstein der Sequenzierung des menschlichen Genoms führen aber vor allem zu einem ständigen Zuwachs an Erkenntnissen bezüglich des Zusammenhangs zwischen bestimmten Mutationen in bestimmten Genen und Krankheitsentstehung. Wenn auch der Großteil der in diesem Buch beschriebenen Aspekte an notwendigen *Voraussetzungen*, sich ergebendem *Nutzen*, zu bedenkenden *Auswirkungen*, und auch an *Umsicht* beim Umgang damit, auch für Genommutationen und Chromosomenmutationen zutrifft, so liegt der eigentliche Fokus dieses Buches doch eindeutig auf Genmutationen.

Genmutation

Neben den oben beschriebenen Genom- und Chromosomenmutationen bilden die sogenannten Genmutationen die dritte Gruppe. Genmutationen sind mikroskopisch unsichtbare, kleine molekulare Änderungen,[5] die ein einzelnes Gen betreffen.[6] Alles, was im Kapitel „Kranke Gene" über Entstehung, Unterteilung und Bedeutung von Mutationen gesagt wurde, trifft im Wesentlichen und vorwiegend auf Genmutationen zu. An dieser Stelle sind die Genmutationen nur deshalb noch einmal explizit erwähnt, um 1) sie den Genom- und Chromosomenmutationen gegenüberstellen zu können, 2) um noch einmal zu verdeutlichen, dass die Thesen dieses Buches primär die Untersuchung von Genmutationen (pathologische Mutationen, Polymorphismen ...), aber nicht Genom- oder Chromosomenmutationen betreffen, und 3) um jetzt in diesem Kapitel das Auftreten und die Vererbung von durch Genmutationen ausgelösten (oder zumindest damit in Zusammenhang stehenden) Krankheiten besser besprechen zu können.

Monogen

Monogen bedeutet, dass eine Krankheit durch Mutationen in nur einem Gen ausgelöst wird. Im Englischen wurde dafür der Begriff „single gene disorders" geprägt. Ein Beispiel für solch eine Erkrankung haben wir bereits kennengelernt – die Phenylketonurie. Weitere Beispiele sind im Kapitel „Was ist testbar?" angeführt. Soviel sei bereits an dieser Stelle gesagt: Obwohl aus vielen Gründen äußerst schwierig zu schätzen, wird heute angenommen, dass es Tausende solcher „single gene disorders" beim Menschen gibt.[7] Abhängig davon, ob das Gen für die Krankheit auf einem Geschlechtschromosom sitzt oder nicht, kann im ersteren Fall die Krankheit zum Beispiel vorwiegend Knaben betreffen. Sitzt das Gen nicht auf einem Geschlechtschromosom, betrifft die Krankheit beide Geschlechter gleich stark. Monogene Erkrankungen können einerseits also von den Eltern vererbt werden. Viele Mutationen in einem Gen, die schwere Krankheiten auslösen, treten aber auch spontan beim Betroffenen ohne elterliche Anlagen dafür auf. Dies führt dann dazu, dass Krankheiten in Familien auftreten, ohne jemals zuvor innerhalb dieser Familie registriert worden zu sein.

Polygen / Multifaktoriell

Polygen bedeutet, dass eine Krankheit (ein Merkmal) von mehr als einem Gen beeinflusst wird. Wird der Ausbruch, das Auftreten einer Erkrankung von mehreren Genen und zugleich von der Umwelt, von bestimmten Umwelteinflüssen bestimmt, so spricht man auch von multifaktorieller Vererbung (multifactorial inheritance).

Many disorders demonstrate familial clustering which does not conform to any recognized pattern of Mendelian inheritance. Examples include several of the most common congenital malformations and many of the common diseases of adult life. These conditions show a definitive familial tendency but the incidence in close relatives of affected individuals is usually around 2–4%, instead of the much higher figures which would be seen if these conditions were caused by mutations in single genes. As it is likely that many factors, both genetic and environ-

mental, are involved in causing these disorders, they are generally referred to as showing multifactorial inheritance. This does not mean that the underlying genetic mechanisms are well understood – in fact they are not![8]

Fließende Übergänge

Wenn auch diese Unterscheidung auf den ersten Blick scharf abgrenzend wirkt, so sind die Übergänge doch fließend. An dieser Stelle ist es vorerst wichtig, noch einmal klar zu machen, dass „krank“, vor allem aber „behindert“, keinesfalls notwendigerweise etwas mit Genetik zu tun haben muss. Es ist überflüssig zu erwähnen, dass jemand, der aufgrund eines schweren Autounfalls an den Rollstuhl gefesselt ist, keine genetische Behinderung hat. So sind auch viele Anomalien bei Kindern von gesunden Eltern nicht auf spontane Mutationen zurückzuführen. Die verschiedensten Fehlbildungen können auch durch äußere Einwirkungen während der Schwangerschaft entstehen, die die Entwicklung des Embryos stören, ohne notwendigerweise Auswirkungen auf Gene oder Chromosomen zu haben. Solche sogenannten teratogenen Schädigungen müssen sich also nicht auf Gene auswirken und werden in diesem Fall dann auch nicht vererbt. Faktoren, die Auswirkungen auf Gene haben können, wie zum Beispiel radioaktive Strahlung, werden, wie ja bereits diskutiert, „mutagen“ genannt. Die Übergänge sind fließend – so gibt es zum Beispiel mutagene Faktoren, die auch teratogene Wirkungen haben.

Wenn hier von fließenden Übergängen gesprochen wird, dann ist aber auch gemeint, dass für die Genese vieler Erkrankungen, die ursprünglich als „monogen“ eingestuft wurden, mittlerweile gezeigt wurde, dass Umweltfaktoren oder sogar auch andere Gene eine Rolle spielen. Je mehr man in diesem

Zusammenhang Krankheiten erforscht, umso komplexer werden oft die Netze von Zusammenhängen.

Eine tragende Grundthese dieses Buches ist folglich die Annahme, dass im Zusammenhang mit Krankheitsentstehung eine Unterscheidung zwischen „ausschließlich genetisch bestimmt" und „genetisch und von der Umwelt mitbestimmt" unter einem visionären Blickwinkel obsolet ist.

Und das ist hier gemeint mit fließenden Übergängen!

Es geht hier wirklich nicht um eine andere Auslegung der wissenschaftlichen Begriffe „monogen" oder „multifaktoriell". Ich wäre mit Bestimmtheit völlig falsch interpretiert, würde jemand annehmen, ich möchte mir das anmaßen. Worum es mir geht, ist ein Gedankenmodell, das ja bereits bisher in meinen Ausführungen Fuß gefasst hat: Kranke Gene machen nicht krank!

Würde man also scharf unterscheiden wollen zwischen „ausschließlich genetisch bestimmt" und „genetisch und zugleich von Umwelteinflüssen bestimmt", so würde das im ersteren Fall einen genetischen Determinismus ohne Einschränkungen beinhalten. Ich habe bereits ausgeführt, dass bei monogenen Erkrankungen, wie zum Beispiel Chorea Huntington (diese Krankheit wird in diesem Buch noch öfter exemplarisch angeführt und daher an anderer Stelle noch näher erklärt werden – siehe zum Beispiel das Kapitel „Der Blick in die Kristallkugel"), für die es heute noch keine wirksame Therapie gibt, die deterministische Kraft einer krankheitsauslösenden Mutation im verantwortlichen Gen also noch sehr stark ist. Ich habe aber auch bereits am Beispiel der „therapierbaren" Phenylketonurie erläutert, dass der genetische Determinismus für das Auftreten der Symptome durch eine Therapie durchbrochen werden kann. Und was ist eigentlich eine wirksame Therapie oder Prophylaxe, wenn nicht eine veränderte Umweltbedingung, unter der die Symptome einer Erkrankung nicht zum Ausbruch kommen? Ich möchte noch einmal betonen, dass dieses Konzept den wissenschaftlichen Begriffen „monogen“ und „multifaktoriell“ nicht Sinn und Bedeutung nimmt oder nehmen will. Es geht darum, klar zu machen, dass es keinen Unterschied macht, ob der Umwelteinfluss, der den Ausbruch einer mit einer Genmutation im Zusammenhang stehenden Krankheit beeinflusst oder gar verhindert, nun unbekannt ist (wie bei vielen multifaktoriellen Erkrankungen), die Einhaltung einer bestimmten Diät ist (wie im Falle der Phenylketonurie eine phenylalaninfreie Kost), oder eine bestimmte Lebensführung, „Lifestyle“, um einem eventuell erhöhten Herzinfarktrisiko entgegenwirken zu können, oder auch die lebenslange Einnahme eines bestimmten Medikaments, das den Ausbruch einer solchen Krankheit unterdrückt, ist. In all diesen Fällen ist die Grundfrage, wie jeder einzelne seine persönlichen „Umweltbedingungen“ so weit beeinflussen kann, dass er den genetischen Anlagen, dem genetischen Determinismus, für eine bestimmte Erkrankung entgegen wirken beziehungsweise entfliehen kann. Und unweigerlich entstehen fließende Übergänge zwischen Begriffen wie „Umweltbedingungen“, „Diät“, „Lifestyle“ oder „Therapie“. Je mehr die moderne biomedizinische Forschung über genetische Einflüsse auf Erkrankungen in Erfahrung bringen kann, umso eher und effizienter kann durch adaptierte „Umweltbedingungen“, „Diät“, „Lifestyle“ oder „Therapie“ ein möglicher Ausweg aus einem entsprechenden genetischen Determinismus geboten werden. Einen genetischen Determinismus gibt es nicht oder soll es in Zukunft nicht geben. Die Frage wird sein, inwieweit man seinen Genen entkommen kann, und ob rein theoretisch einmal ein flächendeckendes Repertoire an Auswegen entwickelt sein wird. Wenn diese Frage auch zur Zeit nicht beantwortet werden kann, die *umsichtige* Anwendung von Gentests ist mit Sicherheit eine treibende Kraft in die richtige Richtung.

Die genetische Neigung zum Krankwerden

*Complex traits, such as coronary heart disease, hypertension, and most psychiatric disorders, just to name a few, are also common in the population, accounting for a significant proportion of the public health burden. This preponderance in turn emphasizes the importance of the endeavor and, at the same time, complicates the analysis. In contrast to Mendelian traits, one seeks the genes that influence **predisposition** to complex diseases rather then those that **cause** them, which is a considerably more daunting task that mandates newer and more imaginative approache ... Although investigators realize that complex traits arise from interactions among multiple genes and environments, not much has been done to date. Most studies routinely ignore the interactions. We are only beginning to realize the hard way that complex traits need to be handled more thoughtfully if we are to find their genes, as we begin to understand how genes and environments work together to produce these complex traits. We begin the new millennium with challenges, but with them come enormous opportunities (D. C. Rao, 2001).*[1]

Ist man Träger einer entsprechenden krankheitsauslösenden Mutation, so bekommt man immer Phenylketonurie, wenn nicht die Symptome dieser Erkrankung durch Therapie/Prophylaxe (Diät) verhindert werden. Von solch einer „genetischen Anlage für das Kranksein" muss man aber noch eine „genetische Neigung für das Krankwerden" unterscheiden. Im letzteren Fall sind bestimmte Genmutationen verantwortlich dafür, dass ein hohes Risiko für das spätere Auftreten einer Erkrankung besteht. Nur ein bestimmter Prozentsatz der Träger dieser Mutationen wird erkranken und andere nie. Hierbei gibt es direkte Zusammenhänge zwischen einer Genmutation und einem erhöhten Risiko. Als Beispiel für solch eine Konstellation soll die Rolle des Brustkrebsgens BRCA1 im Zusammenhang mit dem Auftreten von Brustkrebs erläutert werden. Auch indirekte Wechselwirkungen können zu solchen „Neigungen zum Krankwerden" führen, wie am Beispiel genetischer Prädisposition für Infektionen erklärt werden soll.

Das Brustkrebsgen BRCA1

Nur ungefähr 5–10% aller Brustkrebsfälle sind vererbt (kommen also auch gehäuft innerhalb einer Familie vor). Davon hängt wieder ein bestimmter Prozentsatz mit Mutationen in dem 1994 entdeckten BRCA1 zusammen, einem der menschlichen Brustkrebsgene. BRCA1 sitzt am Chromosom 17.[2] In weit über 90% der Fälle spielt BRCA1 (und auch ein zweites Brustkrebsgen BRCA2) keine Rolle. Zusätzlich ist der Nachweis einer Mutation in BRCA1 auch noch kein sicherer Hinweis, dass die Trägerin an Brustkrebs erkranken wird. Warum und wann sollte man also einen Gentest auf Mutationen in BRCA1 durchführen lassen?

Natürlich muss aufgrund einer bestimmten Familienanamnese der hochgradige Verdacht auf das Vorliegen der vererbten Form bestehen. Den äußerst wichtigen Aspekt der richtigen Beratung vor Durchführung eines Gentests werden wir noch im Kapitel „Die genetische Beratung" diskutieren. Der Grund für das Anbieten eines Gentests unter den entsprechenden Voraussetzungen liegt aber darin, dass Trägerinnen einer Mutation in BRCA1 ein 50–80%iges Risiko haben, Brustkrebs bis zum 70. Lebensjahr zu bekommen. Ergibt sich aus dem Ergebnis des entsprechenden Gentests für eine Patientin ein so erhöhtes Risiko, so raten Ärzte zu engmaschigen Vorsorgeuntersuchungen, wie halbjährigen Ultraschall-Untersuchungen und später zusätzlichen Mammographien. Die

Frage nach eventuellen prophylaktischen Brustentfernungen führt stets zu sehr polarisierenden Diskussionen.[3]

Für unsere Auseinandersetzung ist es aber wichtiger, klar zu stellen, dass zur Zeit aus wissenschaftlicher Sicht noch völlig unklar ist, warum bestimmte Frauen mit BRCA1 Mutationen Brustkrebs bekommen und andere nicht. Inwieweit spielen hierbei also Umweltfaktoren eine Rolle? Welche Faktoren sind das? Oder gibt es andere genetische Anlagen, die eine Trägerin noch zusätzlich haben kann, und die sie vor dem Ausbruch der Erkrankung schützen? Nähere molekulare Kenntnisse dieser Faktoren wären für die Entwicklung maßgeschneiderter prophylaktischer Konzepte von unschätzbarem Wert. Wie schwierig aber der wissenschaftliche Weg bis dahin in Zukunft noch sein wird, sei an zwei Aspekten erläutert.

Einerseits geht eine aktuelle Theorie davon aus, dass Mutationen in BRCA1 vielleicht nicht direkt Brustkrebs auslösen, sondern vielmehr eine Art Instabilität des menschlichen Genoms verursachen. Solch eine Instabilität (Defekte im DNA-Reparatursystem etc.) führt schließlich zur Akkumulation von Mutationen in anderen Genen, die man noch nicht kennt, die aber wesentlich an der Entstehung dieser Tumorerkrankung beteiligt sind. Bei einem zweiten, bisher noch sehr unverstandenen Phänomen konnten ganz aktuelle Ergebnisse unserer eigenen Wissenschaftsgruppe einen kleinen Schritt zu einem besseren Verständnis beitragen. Die Frage war, warum Frauen, die seit ihrer Geburt (von der Mutter geerbt) eine Mutation in BRCA1 in allen ihren Körperzellen tragen, „nur" ganz spezifisch Brustkrebs (und manchmal Ovarkarzinome), aber keine Tumore in anderen Zelltypen/Geweben bekommen? Wir konnten zeigen, dass Brustepithelzellen für ihre Entwicklung ein funktionierendes BRCA1 Gen benötigen, wohingegen das für Muskel- oder Nervenzellen nicht der Fall ist. Dies könnte eine Erklärung dafür sein, warum Mutationen in BRCA1 sich für die Trägerin nur in Brustzellen negativ auswirken.[4] Vieles im Zusammenhang mit BRCA1 und Brustkrebs bleibt aber noch völlig unklar, und es wird noch einen langen wissenschaftlichen Weg in Anspruch nehmen, etwas Licht in diese Materie zu bringen.

Genetische Prädispositionen für Infektionen[5]

Dass bestimmte Menschen eine erhöhte bis manchmal sogar extrem hohe Neigung haben, an Infektionskrankheiten zu erkranken, ist wahrscheinlich weithin bekannt. Die aktuelle biomedizinische Forschung erarbeitet stetig neue Belege dafür, dass die Ursachen dafür genetischer Natur sein können, es sich hierbei also um „genetische Neigungen zum Krankwerden" handeln kann. Indirekte Hinweise auf solche genetischen Ursachen gibt es schon länger. So steht zum Beispiel fest, dass verschiedene Personen (mit einem unterschiedlichen genetischen Hintergrund) verschieden auf denselben Erreger reagieren. Es wurden auch familiäre Häufungen auffälliger Anfälligkeiten oder Resistenzen gegenüber bestimmten Infektionskrankheiten beobachtet. Und nicht zuletzt kommen Hinweise für solche genetischen Ursachen auch aus Zwillingsstudien. (Auf den Einsatz von Zwillingsstudien zu diesen und ähnlichen Zwecken wird im nächsten Kapitel noch näher eingegangen.)

Den wohl einfachsten Zusammenhang zwischen genetischen Anlagen und dem Auftreten von Infektionskrankheiten stellen genetisch bedingte Defekte des Immunsystems dar. Weithin bekannt sind Kinder, die nur unter Glocken oder in Raumanzügen leben können. Der Grund dafür kann eine Mutation sein, die zu einem Adenosin-Desaminase-Mangel führt und auf zellulärer Ebene durch eine gestörte Reifung und Funktion bestimmter Immunzellen charakterisiert ist. Diese Kinder haben einen schweren kombinierten Immunmangel (severe combined immune deficiency syndrome = SCID), wodurch bei jeglichem Kontakt mit der Umwelt sofort vor allem Infektionen des Respirationstraktes auftreten. Der Tod tritt innerhalb weniger Wochen ein. Eine Umwelt, in der man dieser genetischen Anlage entrinnen könnte, ist nicht vorstellbar, da sie vollständig keimfrei sein müsste. Die einzige vorstellbare „Umweltbedingung", die dem entgegenwirken könnte, wäre eine medizinische Therapie, wie zum Beispiel eine Knochenmarktransplantation. Die Aussichten stehen jedoch zur Zeit ausgesprochen schlecht.[6]

Es gibt aber auch Genmutationen, die nicht wie bei SCID anfällig gegenüber einem breiten Spektrum an Erregern machen, sondern ganz spezifische Anfälligkeiten auslösen. So ist zum Beispiel bekannt, dass Mutationen im Interleukin-12-Rezeptor-Gen eine erhöhte Anfälligkeit für Infektionskrankheiten ausgelöst durch Salmonellen verursachen können.[7]

Viel mehr Studien gibt es aber über den Zusammenhang zwischen dem Auftreten von genetischen Polymorphismen und Anfälligkeiten für Infektionskrankheiten. Polymorphismen sind genetische Veränderungen, die, wie ja bereits im Kapitel „Kranke Gene" genauer besprochen, innerhalb einer Population mit einer bestimmten höheren Häufigkeit auftreten. Es konnte nun durch viele große Vergleichsstudien festgestellt werden, dass bestimmte Polymorphismen – zum Beispiel innerhalb der HLA (human leukocyte antigen) Gene – bei ihren Trägern mit einer erhöhten Anfälligkeit oder Resistenz gegenüber Malaria, Hepatitis, AIDS oder Tuberkulose assoziiert sind.[8]

Die Erwähnung von Malaria mag manchen in Erinnerung rufen, dass es einen Zusammenhang zwischen Sichelzellenanämie und Malaria gibt. Dieser ist aber verglichen mit den oben genannten Beispielen umgekehrt. Hierbei besteht ein gewisser Schutz vor einer Infektionskrankheit, ausgelöst durch eine Genmutation. Individuen, die sowohl von der Mutter als auch vom Vater die sogenannte HbS Genvariante von Hämoglobin geerbt haben, leiden an Sichelzellenanämie. Menschen, die aber nur von der Mutter oder vom Vater eine HbS Genvariante von Hämoglobin geerbt haben, sind vor durch Infektionen mit *Plasmodium falciparum* ausgelöster Malaria geschützt. Aber dazu noch genauer im Kapitel „Die Bevormundung der Genetik".

Und schon wieder fließende Übergänge

Betrachtet man nun das erwähnte Spektrum von Phenylketonurie oder Chorea Huntington (Anlagen für das Kranksein) über BRCA1 bis zu genetischen Anlagen für Anfälligkeit für Infektionskrankheiten (Neigungen zum Krankwerden), so sollten grundsätzlich zwei darauf bezogene Aspekte in den letzten beiden Kapiteln verdeutlicht werden:

1) Eine scharfe Unterscheidung zwischen Anlagen für Kranksein und Neigungen zum Krankwerden ist genau so wenig möglich, wie es möglich ist, zwischen „ausschließlich genetisch" oder „genetisch und auch von Umwelteinflüssen abhängig" zu unterscheiden. Im ersteren Fall führt eine Mutation immer (fast immer, sehr oft ...?) dazu, dass eine bestimmte Krankheit zum Ausbruch kommt. Im zweiten Fall führen Mutationen im BRCA1 Gen dazu, dass man sehr oft (relativ oft, öfter ...?) Brustkrebs bekommt, oder es führen bestimmte Gen-Polymorphismen dazu, dass man sehr viel (viel, signifikant ...?) stärker anfällig gegenüber bestimmten Infektionskrankheiten ist. Ab wann ist wann was?

2) Die Entwicklung einer entsprechenden wirksamen Therapie macht aus „genetischen Anlagen für das Kranksein“ (untherapierte Phenylketonurie) maximal noch eine „genetische Neigung zum Krankwerden“ (therapierte Phenylketonurie), die aber dann nicht mehr zum Ausbruch der Krankheit führt.

Egal, ob es nun das eine oder das andere ist. Egal, ob man von der Genmutation spricht, die für die Entstehung von Phenylketonurie verantwortlich ist, oder von einem Polymorphismus, der mit einem erhöhten Herzinfarkt-Risiko assoziiert ist: Die Entwicklung optimal entgegenwirkender „Umweltbedingungen“, ob nun medikamentöse Therapie oder entsprechender Lifestyle, ermöglicht ein Loslösen von einem in den Genen festgeschriebenen oder zumindest angedeuteten Schicksal. Um das bewerkstelligen zu können, muss man aber zuerst den Text der entsprechenden Gene lesen. Und das tut man unter Zuhilfenahme der Lupe „Gentest“.

Gene und Umwelt: äußere und innere Einflüsse

Ändern wir die Gesellschaft, so ändern wir den Menschen! – das verhießen die sozialen Utopien bis gestern. Über den gentechnologisch veränderten Menschen zur veränderten Gesellschaft! – hofft oder fürchtet man heute. In der Euphorie und der Angst der Aufbruchstimmung verkennt die neue Utopie, woran auch die alten Utopien scheiterten: die ungeheure Eigenmacht von Gesellschaft. Die Eigengesetzlichkeit der Sozialität lässt sich von Menschen nicht ändern. Über deren Pläne, Individualitäten und Qualitäten setzt sie sich einfach hinweg. Auch das Dreamteam einer perfekt geklonten Idealpopulation würde von der schieren Tatsache des Zusammenlebens wieder verschliffen in Gut und Böse, Zugehörige und Ausgeschlossene, Offenbartes und Verdrängtes, Gewolltes und Ungewolltes ... Welche Macht ist hier am Werk? In der Qualität von Individuen oder ihrer Gene kann sie nicht begründet liegen, wenn aus guten wie aus bösen Menschen gleichermaßen normale Gesellschaften entstehen. Vielmehr muss sie aus dem Zusammenleben selbst erwachsen, genauer: aus den grundlegenden Prozessen, die dabei unweigerlich ablaufen (K. O. Hondrich, 2001).[1]

Ich habe diese These aus dem Kapitel „Der genoptimierte Mensch – und sein soziales Erbe“ des aktuellen Buches des Soziologieprofessors Karl Otto Hondrich an den Anfang dieses Abschnittes gestellt, um klar zu machen, wie viele verschiedenartige gute Gründe es gibt, den Menschen nicht als unabänderbares Resultat seiner genetischen Ausstattung zu sehen. Der Mensch ist nicht auf seine Gene reduzierbar. Wenn auch für so viele Anlagen, Merkmale und eben auch Krankheiten des Menschen ein genetischer Einfluss angenommen werden muss, so ist nichts von alledem, was den Menschen gerade zum Menschen macht, reduzierbar auf Gene. Es ist die Umwelt, es sind die Einflüsse und natürlich nicht zu vergessen, die oben angesprochene große Bedeutung der Sozialität, die allesamt hier ein mächtiges Wort mitzureden haben. Ein dieses Buch wie auf Händen tragendes Konzept ist ja die postulierte Hoffnung, durch den wissenschaftlichen Fortschritt einem Determinismus kranker Gene durch gegenwirkende Umweltmaßnahmen zu entkommen. Diese sogenannten gegenwirkenden Umweltmaßnahmen sind in diesem Fall Prophylaxen, angepasste Lebensführung, Therapien und vieles mehr.

Nature or nurture?

Im Vorwort zu einem aktuellen Heidelberger Jahrbuch unter dem Titel „Vererbung und Milieu" schreibt der Herausgeber Michael Wink:

> *Kaum ein Thema belebt die natur- und geisteswissenschaftliche Diskussion so nachhaltig und vehement wie die Frage: Sind wir Menschen hauptsächlich das Produkt unserer Gene (unserer Anlagen) oder das Produkt unserer Umwelt, unseres Milieus? Im Angelsächsischen spricht man von der „Nature or nurture" – Debatte ... Werden auch vielfach noch die Extrempositionen des vollständigen genetischen Determinismus oder des vollständigen Umweltdeterminismus vertreten, so weisen ethologische, evolutionäre, psychologische und soziologische Forschungen darauf hin, dass die menschliche Natur sowohl durch unsere Gene als auch durch unsere Umwelt bestimmt wird. Das Verhalten des Erwachsenen ist demnach eine Mischung aus ererbten Merkmalen und Erfahrung und Lernen. Unser Verhalten ist weder komplett genetisch gesteuert noch gänzlich unabhängig von unseren Genen.*[2]

Der Mensch ist also das Produkt von Wirkungen von Genen und Umwelt. Wobei damit nicht eine Wirkung der Umwelt auf die Gene im Sinne von Vererbung gemeint sein soll. Der alte Streit zwischen Darwins Mutations-, Selektions- und

Isolationstheorie und Lamarcks Vererbung anerworbener Eigenschaften wurde ja bereits für Darwin entschieden – wenn auch in Zeiten neuester molekularer Ergebnisse dieses Thema um einige Aspekte (zum Beispiel Imprinting) ergänzt werden muss.

Die Zwillinge

Die Zuhilfenahme von Zwillingsuntersuchungen, um die Frage zu beantworten, welchen Stellenwert die Gene und welchen die Umwelt für die Ausprägung von Merkmalen oder für das Auftreten von Krankheiten haben, hat bereits lange Tradition. Eineiige (monozygote) Zwillinge besitzen die gleichen Erbanlagen, sind also genetisch identisch. Zweieiige (dizygote) Zwillinge haben nicht mehr Gene durch Abstammung von dem gleichen Elternpaar gemeinsam als gewöhnliche Geschwister. Zweieiige Zwillinge können folglich, im Gegensatz zu eineiigen, auch verschiedene Geschlechter haben. Da aber dizygote Zwillinge, wie auch monozygote, zumeist innerhalb einer/der gleichen Familie aufwachsen, sind die entsprechenden Umwelteinflüsse zum Beispiel hinsichtlich Erziehung, Ernährung als Jugendlicher, etc., als gleich (oder zumindest sehr übereinstimmend) anzunehmen. Wenn aber nun Beobachtungen im Zusammenhang mit bestimmten Verhaltensmerkmalen oder auch Krankheiten ergeben, dass die Übereinstimmung (Konkordanz) bei eineiigen Zwillingen signifikant höher als bei zweieiigen ist, so kann man einen Einfluss der Gene postulieren.[3]

Verhalten: Gene oder Umwelt?

Konrad Lorenz, einer der Begründer der vergleichenden Verhaltenskunde, der Ethologie, erhielt 1973 gemeinsam mit Nikolaas Tinbergen und Karl von Frisch den Nobelpreis für Medizin und Physiologie. Ihre Forschungen zeigten unter anderem, dass Tiere in Bezug auf ganz genau definierte Bereiche ihres Verhaltens vorprogrammiert sind. Sie kommen mit einem angeborenen Bewegungskönnen auf die Welt oder sind zum Beispiel in der Lage, auf bestimmte Reize in arterhaltender, sinnvoller Weise zu reagieren, ohne das erst im Laufe des Lebens erlernen zu müssen. Als Student las ich das Buch „Der vorprogrammierte Mensch. Das Ererbte als bestimmender Faktor im menschlichen Verhalten“ von Irenäus Eibl-Eibesfeldt. Besonders beeindruckten mich damals die Beobachtungen des Autors an taubblinden Kindern. Es wird zum Beispiel von einem taubblinden Jungen (einem Contergan-Fall) berichtet, der nur ganz kurze Stummelhändchen hat. Eine Interaktion mit der Umwelt durch Hören oder Sehen war nicht gegeben, und auch ein eventuelles Ertasten der Mimik seiner Mitmenschen war praktisch nicht möglich. Und trotzdem lachte und weinte er wie nicht-behinderte Kinder. Die Anlagen dafür sind also angeboren!? Eibl-Eibesfeldt schreibt dazu:

Diese Kinder, die in ewiger Nacht und Stille heranwachsen, lachen und weinen wie wir, obgleich sie das niemandem absehen konnten. Bei Ärger zeigen sie die senkrechten Zornfalten und stampfen mit dem Fuß auf den Boden, kurz, die komplizierten Gesichtsbewegungen reifen in diesen Kindern heran.[4]

Viele Jahre hindurch wurde in vielen Zwillingsstudien untersucht, ob es neben Umwelteinflüssen auch genetische Faktoren für bestimmtes menschliches Verhalten beziehungsweise bestimmte menschliche Eigenschaften gibt. Etwas vereinfacht, aber doch auf den Punkt gebracht, kann man sagen, dass bei sehr vielen menschlichen Verhaltensweisen oder Eigenschaften auch genetische Komponenten neben Umwelteinflüssen eine klare Rolle spielen. So wurden aus solchen

Studien Hinweise auf genetische Anlagen im Zusammenhang mit zum Beispiel Homosexualität, Alkoholismus, Intelligenz oder Aggressionsverhalten erzielt.[5] Es eröffnet sich unweigerlich erneut die Frage, ab wann welches Verhalten als Krankheit eingestuft wird. Ist Homosexualität eine Erkrankung? Oder ab welcher Stufe verminderter Intelligenz oder zu hoher Aggressivität spricht man von krank? Ich möchte durch das erneute Aufwerfen dieser Fragen an dieser Stelle nicht den Ansatz der Zwillingsstudien kritisieren. Studien dieser Art hatten und haben große Bedeutung. So waren es Zwillingsstudien, die so wichtige Hinweise auf die Rolle genetischer Anlagen im Zusammenhang zum Beispiel mit der Infektionskrankheit Lepra, der Stoffwechselkrankheit Typ 2-Diabetes[6], mit verschiedenen Krebserkrankungen[7] oder mit früh auftretenden Formen von Parkinson[8] gaben und immer noch geben.

Ein grundsätzliches Phänomen im Zusammenhang mit solchen Ergebnissen aus Zwillingsstudien kann man aber beobachten. Die aus solchen Studien gewonnenen Hinweise darauf, dass bei bestimmten Merkmalen, Eigenschaften oder eben auch Krankheiten genetische Anlagen von Bedeutung sind, haben in vielen Fällen Genetiker ermutigt, nach den verantwortlichen Genen zu suchen. Betrachtet man aber speziell das dadurch erweckte Interesse an Genen, die im Zusammenhang mit bestimmten menschlichen Verhaltensweisen oder Eigenschaften stehen, so muss die Frage nach dem Wert eventueller Ergebnisse zumindest erlaubt sein. Dazu aber mehr noch in Teil 3 des Buches: *Auswirkungen*.

Ein bisschen molekularer

Ich hoffe, dass nach allem was ich bisher gesagt habe klar ist, dass die 1993 durch alle Medien gegangene Botschaft „Das

Gen für Homosexualität ist entdeckt" vollkommen falsch war. Begonnen hat alles, wie kann es anders sein, mit Daten aus Zwillingsstudien. Es wurde beschrieben, dass der eineiige Zwilling eines homosexuellen Mannes eine signifikant höhere Wahrscheinlichkeit hat, auch homosexuell zu sein. Diese Forschungsergebnisse zeigten genau das Muster, das man bei einem Persönlichkeitszug erwartet, der durch die Gene nicht exklusiv bestimmt aber eindeutig mitbeeinflusst wird. Diese Daten haben den Direktor des Geninstituts am National Cancer Institute (USA) Professor Dean Hamer veranlasst, nach Genen, Genregionen, DNA-Abschnitten zu suchen, die die sexuelle Orientierung beeinflussen, nicht nach einem einzelnen, allmächtigen „Homosexuellen-Gen". Trotz der Aufregung in den Medien gibt es so etwas nicht, wie Dean Hamer selbst schreibt.[9] Was Hamers Arbeitsgruppe schließlich 1993 publizierte war ein Zusammenhang zwischen dem Auftreten bestimmter DNA Marker (Polymorphismen) am X Chromosom und männlicher Homosexualität. Grob vereinfacht ausgedrückt waren bei den untersuchten homosexuellen Männern bestimmte DNA Marker signifikant häufiger als in der Normalbevölkerung zu finden.[10] Diese hitzigst diskutierten und auch wissenschaftlich nicht unumstrittenen Ergebnisse bedeuten keinesfalls, dass es möglich ist, durch eine DNA Analyse, einen Gentest, (vielleicht sogar pränatal, also während der Schwangerschaft am noch ungeborenen menschlichen Leben) zu bestimmen, ob jemand homosexuell ist/wird oder nicht. Das kann schon alleine deshalb nicht der Fall sein, da ja, wie oben beschrieben, die Zwillingsstudien klar ergeben haben, dass das Auftreten von Homosexualität zwar auch genetisch reguliert ist, aber zweifellos auch wesentlich durch die Umwelt beeinflusst wird. Außerdem handelte es sich bei diesen Ergebnissen lediglich um einen statistischen Zusammenhang, was eindeutig bedeutet, dass auch unter den Trägern dieser DNA-Marker nicht-homosexuelle Männer waren. Viel wichtiger aber noch gibt es umgekehrt unzählige Männer, die nicht Träger dieser Marker aber trotzdem homosexuell sind.

Befunde bezüglich Assoziationen zwischen genetischen Markern/Polymorphismen und bestimmten menschlichen Verhaltensmustern oder Eigenschaften häufen sich. In diesem Zusammenhang sind sicher die Forschungen von Professor Robert Plomin zur Genetik und Intelligenz zu nennen.[11] Nur beispielhaft sei hier auch ein aktueller Befund erwähnt. Eine spanische Arbeitsgruppe hat kürzlich veröffentlicht, dass eine bestimmte genetische Veränderung am langen Arm des Chromosoms 15 statistisch signifikant mit der Anfälligkeit für Panikattacken gekoppelt ist. Auch hier gilt, wie für alle diese Zusammenhänge, dass es natürlich Menschen gibt, die nicht Träger dieser bestimmten genetischen Veränderung sind und trotzdem unter Panikattacken leiden, und umgekehrt.[12]

Dean Hamer selbst beschreibt sehr treffend in einem ganz aktuellen Übersichtsartikel in dem renommierten Wissenschaftsjournal „Science“ die Gründe dafür wie folgt:

> *Human behaviors, and the brain circuits that produce them, are undoubtedly the product of intricate networks involving hundreds to thousands of genes working in concert with multiple developmental and environmental events.*[13]

Der Mensch ist doch kein Affe

Wir haben bereits im Kapitel „Kranke Gene“ davon gesprochen, dass die Gesamtanzahl der Gene den augenscheinlichen Unterschied zwischen verschiedenen Organismen, wie zum Beispiel zwischen Mensch und Affe, nicht erklären kann. So augenscheinlich ist der Unterschied weniger vielleicht in den Körperfunktionen als in den Fähigkeiten. Es ist nur verständlich, dass Aspekte wie Verhalten oder Intelligenz in diesem Zusammenhang besonders interessant sind. Ganz naiv gefragt, warum kann ein Gehirn eines Menschen Dinge, die das eines Affen nicht kann, wenn die Anzahl der Gene doch so ähnlich ist? Es ist die Aktivität der Gene, die bei diesen beiden Säugetieren so unterschiedlich ist. Wir haben uns im ersten Kapitel dieses Buches darüber unterhalten, dass jede Zelle eines Organismus die gleichen Gene hat, und dass die Verschiedenartigkeit der Zellen dadurch entsteht, dass verschiedene Sets an Genen aktiv sind. Außerdem erinnere ich noch einmal daran, dass aus einem Gen mehrere Proteine entstehen können. Unter diesen Prämissen muss man neue aktuelle wissenschaftliche Untersuchungen betrachten. Wissenschaftler verschiedener Arbeitsgruppen haben das Spektrum an Genen, das in RNA und schließlich in Protein übersetzt wird (also die Genaktivität), von Leberzellen und von Hirnzellen zwischen Schimpansen und Menschen verglichen. Das beeindruckende Ergebnis war, dass in Hirnzellen das Spektrum an gebildeten RNAs/Proteinen beim Menschen viel größer war als beim Schimpansen, wohingegen die Unterschiede in Leberzellen gering waren. Es ist also die funktionelle Vernetzung, die Varianz bei der Frage, wie viele und welche Proteine aus einem Gen entstehen werden, und schließlich die Genaktivität, die den unterschiedlichen Fähigkeiten der Gehirne von Mensch und Affe zu Grunde liegen. Dagegen kann eine menschliche Leber nicht viel mehr als die Leber eines Affen.[14]

Ich habe diese so aktuellen wissenschaftlichen Ergebnisse an dieser Stelle erwähnt, um klar zu machen, wie schwer es sein wird, die molekularen Mechanismen, die eine Rolle bei psychischen Krankheiten des Menschen oder dem menschlichen Verhalten spielen, jemals wirklich zu verstehen. Was können hierbei Gentests überhaupt ausrichten?

Was ist testbar?

Ganz grob, eigentlich nur um ein Gefühl für Dimensionen in diesem Zusammenhang zu bekommen, kann man die Schätzung angeben, dass heute vielleicht 4.000–5.000 Krankheitsbilder bekannt sind, und man etwa 1.000–1.500 Gene kennt, bei denen Mutationen beschrieben wurden, deren Bedeutung für die Entstehung einer Krankheit bekannt ist.[1]

Monogen

Bei monogenen Erkrankungen, bei denen man das verantwortliche Gen identifiziert hat, die Sequenz dieses Gens kennt und krankheitsauslösende Mutationen beschrieben sind, kann man eine sogenannte direkte Genotypdiagnostik durchführen. Zum Einsatz kommen hierbei molekulare Methoden mit so klingenden Namen wie Polymerase-Kettenreaktion (Englisch = PCR), Sequenzieren, Oligonukleotidhybridisierung und viele mehr. Ist das Gen für eine Erkrankung nicht identifiziert, und kann man daher eine krankheitsauslösende Mutation nicht direkt nachweisen, so besteht trotzdem oft die Möglichkeit einer genetischen Diagnostik mittels indirekter Genotypdiagnostik. Vereinfacht ausgedrückt studiert man hierbei einen mit der Krankheit innerhalb einer Familie mitvererbten DNA-Marker (Polymorphismus). Hierfür müssen üblicherweise eine bestimmte Anzahl an Familienmitgliedern, inklusive einem erkrankten Indexpatienten, untersucht werden. Ergebnisse aus indirekten Genotypdiagnosen sind, im Gegensatz zu direkten Genotypdiagnosen, ganz grundsätzlich gesagt eigentlich Risikoberechnungen mit Wahrscheinlichkeitsangaben.[2]

Möchte man eine Zahl angeben, was genetisch testbar ist, so muss man verschiedene Aspekte ins Kalkül ziehen. Einerseits vermutet man, dass es vielleicht ein paar tausend „single gene disorders" gibt, noch viel mehr Gene aber im Zusammenhang mit der Entstehung von „multifactorial disorders" stehen.[3] In Folge muss man aber berücksichtigen, dass viele dieser Gene noch nicht identifiziert sind oder gar darin krankheitsauslösende Mutationen beschrieben wären. Schließlich müssen auch entsprechende Gentests entwickelt sein, und ihre Einsetzbarkeit, Reproduzierbarkeit etc. muss bewiesen werden. So listeten die Autoren Buselmaier und Tariverdian im Jahr 1999 beispielhaft ungefähr 100 Krankheiten auf, die durch direkte oder indirekte Genotypdiagnostik erkannt werden können.[4] Die Liste „Molekulargenetische Diagnostik in Deutschland und den Nachbarländern" führt mit Stand vom 23. 11. 2002 genetische Diagnosen zu 433 Krankheitsbildern/Syndromen mit 785 unterschiedlichen Genorten an.[5] Auch diese Liste repräsentiert natürlich nicht eine vollständige Aufzählung des Machbaren, sondern beschreibt das, was de facto wo innerhalb Deutschlands und den Nachbarländern gemacht wird. Trotzdem bekommt man einen Eindruck von molekulargenetischer Routinediagnostik. Betrachtet man diese Liste, so fällt auf, dass sie von monogenen Erkrankungen, wie zum Beispiel Chorea Huntington, Cystische Fibrose oder familiärem Brustkrebs bis zu Parodontitis-Prädisposition oder Hypertonie (Bluthochdruck) reicht.

Polygen / multifaktoriell

Aus allem bisher Gesagten muss geschlossen werden, dass anhand von Gentests im Zusammenhang mit multifaktoriellen Erkrankungen niemals hundertprozentige Aussagen betreffend dem Auftreten grundsätzlich oder der Stärke der Symptomatik im Speziellen möglich sind. Die Rolle der Umweltfaktoren ist es, die dies unmöglich macht. Was aber möglich ist, ist prozentuelle Risikoangaben für das Auftreten der entsprechenden Krankheiten zu kalkulieren. Gehört man zu einer Risikogruppe für eine bestimmte Krankheit oder nicht? Dies kann dadurch verursacht sein, dass man Träger einer Mutation in einem bestimmten Gen ist, woraus ein erhöhtes Risiko, eine Prädisposition, resultiert. Dies kann aber auch aus Polymorphismus-Studien geschlossen werden: Eine Bevölkerungsgruppe, die einen bestimmten DNA-Polymorphismus trägt, hat ein signifikant erhöhtes Risiko für zum Beispiel Bluthochdruck.

Neueste molekulargenetische Technologien – wie zum Beispiel die „Microarray" Technologie, die auch „Chip-Technologie" – genannt wird, erlauben, viele Mutationen und/oder Polymorphismen gleichzeitig anhand der DNA eines Patienten zu untersuchen. Daraus können sich ganze Risikoprofile ergeben. Zum Beispiel kann man solch einen „Chip" einsetzen, um anhand der Untersuchung einer bestimmten Reihe an Polymorphismen (die kleinsten ihrer Art sind unter dem englischen Namen single nucleotide polymorphisms – SNPs bekannt) Wahrscheinlichkeitsangaben betreffend das Risiko für einen Herzinfarkt zu machen. Wir haben auch schon erwähnt, dass zur Zeit unzählige statistische Untersuchungen durchgeführt werden mit dem Ziel Polymorphismen zu identifizieren, die es ermöglichen, Bevölkerungsgruppen in solche zu unterteilen, die ein bestimmtes Medikament/Präparat gut und ohne Nebenwirkungen vertragen, und solche, bei denen dies nicht der Fall ist. Warum gerade diese Art von Gentests, die entweder unter dem Begriff „Pharmakogenetik" oder „Pharmakogenomik" subsumiert werden, zur Zeit besonderes Interesse auf sich ziehen, wird noch im Kapitel „Die persönliche Medizin“ skizziert. Das zukünftige Spektrum der Möglichkeiten des Einsatzes von Gentests ist heute kaum annähernd einschätzbar. Aber bereits jetzt stehen Patienten und Ärzten Gentests mit Namen wie „Anti-Aging-Risikoprofil“, „Arteriosklerose/Herzinfarkt/Schlaganfall“, „Risiko Alkohol- und Drogenabhängigkeit“ oder „Wechseljahre Mann/Frau (Hormontherapie)“ zur Verfügung.[6] Auf die sich ergebenden vielen Vorteile und die möglichen Nachteile wird in den folgenden Kapiteln noch eingegangen werden.

Es scheint, dass die erste Krankheit, für die mehr als ein Gen verantwortlich ist (polygen), die vollständig aufgeklärt wurde oder werden könnte, die sogenannte Hirschsprung Krankheit ist. Bei dieser nach dem Arzt Harald Hirschsprung benannten Erkrankung (Häufigkeit durchschnittlich 1 : 5000) fehlen den Patienten bestimmte Nervenzellen im Dickdarm. Dadurch fehlt das normale Ausmaß an Darmbewegung (Dauerkontraktur), und die Nahrung wird nicht ausreichend weitertransportiert. Ohne chirurgischen Eingriff ist ein Überleben nur selten möglich. Eine amerikanische Arbeitsgruppe hat im Mai 2002 zeigen können, welche drei Gene im Zusammenhang mit dem Auftreten dieser Erkrankung stehen. So weit mir bekannt ist, ist das die einzige polygene Erkrankung, von der man heute annimmt, ihre genetischen Ursachen zu kennen.[7]

Prädiktiv

Chorea Huntington, oder Huntington-Syndrom oder Veitstanz, ist eine monogene Erkrankung. Die ersten Symptome treten zumeist im 4. oder 5. Lebensjahrzehnt auf. Charakteristisch für diese Erkrankung sind Bewegungsstörungen, Gang- und Sprachstörungen, schwere Wesenveränderungen, Psychosen, Demenz und körperlicher Verfall. Zur Zeit gibt es keine grundsätzlich wirksame Therapie. Da diese Erkrankung autosomal dominant vererbt wird, besteht ein 50%iges Risiko dafür, dass Kinder von Betroffenen selbst auch daran erkranken werden. Bereits in jungen Jahren, weit vor einem eventuellen Ausbrechen dieser Krankheit, kann mittels eines Gentests festgestellt werden, ob Kinder von Betroffenen später auch an Chorea Huntington erkranken werden oder nicht.[8]

Es gibt einerseits genetische Tests zur Abklärung eines bereits klinisch erhobenen Verdachts, zur Bestätigung einer klinisch bereits manifesten Erkrankung. Davon zu unterscheiden sind Gentests, die einem noch gesunden Menschen voraussagen, dass er einmal erkranken wird. Diese sogenannten „prädiktiven" Gentests werfen eine so große Zahl verschiedener Fragen psychischer, ethischer, juristischer Natur auf, dass sie uns in diesem Buch noch oft begegnen werden.

Verhalten

Ich glaube, dass das vorige Kapitel klar gemacht hat, dass Gentests auch im Zusammenhang mit Untersuchungen menschlichen Verhaltens in unsere Diskussionen einfließen müssen. Wie bereits angesprochen, muss eine vollständige Aufklärung aller beteiligten genetischen Faktoren und der entsprechenden Umweltfaktoren für das Auftreten eines bestimmten Verhaltens oder bestimmter menschlicher Eigenschaften als unmöglich (äußerst unwahrscheinlich) eingestuft werden. Nichtsdestotrotz könnte es in Zukunft Ergebnis der betriebenen Forschungen auf diesem Gebiet sein, Wahrscheinlichkeitsangaben machen zu können. Ähnlich vielleicht dem Einsatz von Polymorphismus-Untersuchungen zur Beantwortung, ob jemand zu einer Risikogruppe betreffend Herzinfarkt oder Artheriosklerose gehört, könnten ein Spektrum an Polymorphismen identifiziert werden, die Homosexuelle, weniger intelligente Menschen oder Menschen mit einer Neigung zu Panikattacken wahrscheinlicher tragen.

Sowohl der *Nutzen* als auch mögliche negative *Auswirkungen* aller dieser verschiedenen Gentests sollen in Folge diskutiert werden.

Teil 2: Der Nutzen

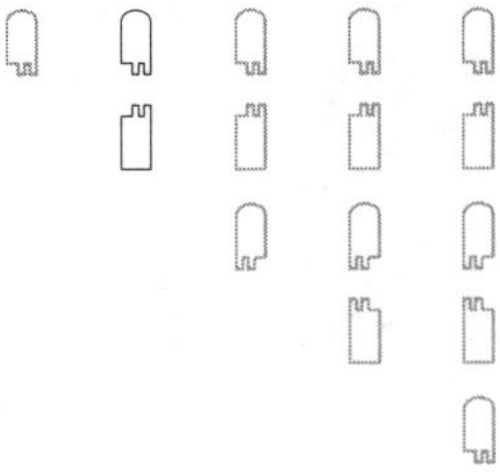

Bezüglich der Fragen „Wann beziehungsweise warum soll man einen Gentest durchführen?“ gäbe es, wie wahrscheinlich aus dem bisher Gesagten für jedermann herleitbar, unzählige Antworten – von unzähligen Motiven getragen. Im 2. Teil dieses Buches werden nun ein paar solcher Gründe exemplarisch angeführt. Anhand dieser Beispiele soll der enorme und wissenschaftlich unumstrittene Nutzen der Anwendung sogenannter Gentests verdeutlicht werden. Nicht soll eine Aufzählung solcher Gründe angeboten und schon gar nicht der Anspruch auf Vollständigkeit erhoben werden. Im Gegensatz dazu wird versucht, durch die gewählten Beispiele ein skizzenhaftes Bild zu zeichnen, was heute an Positivem für den Menschen möglich ist, um lediglich anzudeuten, was in Zukunft an noch viel Vorteilhafterem möglich sein könnte.

Eine Krankheit verstehen

Die Biologie nimmt unter den Wissenschaften zugleich eine Zentral- und eine Randstellung ein. Eine Randstellung deshalb, weil die belebte Welt einen so winzigen und so „speziellen" Teil des uns bekannten Universums darstellt, dass es den Anschein hat, als sollte die Erforschung lebender Wesen kaum jemals zur Entdeckung allgemeiner Gesetze führen, die außerhalb der Biosphäre anwendbar wären. Wenn es jedoch – wie ich glaube – der höchste Ehrgeiz aller Wissenschaft ist, die Beziehung des Menschen zum Universum zu erhellen, dann muss man der Biologie eine zentrale Stellung zuerkennen, denn von allen Disziplinen versucht sie am direktesten ins Zentrum jener Probleme vorzudringen, die zunächst gelöst sein müssen, bevor man – in anderen als metaphysischen Begriffen – die Frage nach der „Natur des Menschen" auch nur stellen kann (J. Monod, 1975).[1]

Was alles gemeint ist – eine Übersicht über die nächsten Kapitel

Es war schon immer so: Will man eine Prophylaxe oder Therapie für eine bestimmte Erkrankung vorschlagen beziehungsweise entwickeln, so ist die beste Voraussetzung dafür die Aufklärung der molekularen Mechanismen der Entstehung dieser Krankheit. Wenn das auch theoretisch immer schon so war, so standen in der Vergangenheit bei der Entwicklung neuer Therapien nur sehr selten solche molekularen Erkenntnisse zur Verfügung. Es existierten nicht einmal die Technologien, die zur Erlangung dieser Erkenntnisse notwendig waren. Dies gilt heute leider noch im Zusammenhang mit vielen verschiedenen Erkrankungen des Menschen. Auf den Punkt gebracht kann man aber sagen, dass die Wissenschaft der Genetik gekoppelt mit der Anwendung von Gentests in den meisten Fällen von Erkrankungen die erste und einzige Chance darstellt, Erkenntnisse über ihre molekularen Ursachen zu erhalten. Dies bietet in diesen Fällen schließlich auch die erste und einzige Chance, die Entwicklung von Prophylaxen und Therapien weiterzutreiben.

Wir stehen heute an einem Punkt, wo ganz ohne Zweifel in sehr vielen verschiedenen Fällen von menschlichen Erkrankungen eine medizinische Weiterentwicklung in Richtung Vorbeugung oder Heilung ohne die Anwendung von gentechnologischen Methoden nicht mehr möglich ist:

1) Einerseits bildet die Genforschung einen elementaren Bestandteil für die Aufklärung der molekularen Mechanismen von Krankheitsbildern. Um die zugrundeliegenden molekulargenetischen, biochemischen und zellbiologischen Mechanismen untersuchen zu können, sind die Methoden der Genforschung unerlässlich. Basis der meisten heute bearbeiteten grundlagenwissenschaftlichen Forschungsprojekte auf diesem Gebiet ist der Einsatz moderner Gentechnologie. Das erklärte Ziel ist es, die wirklichen Wurzeln einer Krankheit zu verstehen (Kapitel „Eine Krankheit verstehen“).
2) Sind im Zuge solcher grundlagenwissenschaftlicher Forschungsprojekte genetische Zusammenhänge/Ursachen für eine bestimmte Krankheit entdeckt beziehungsweise zumindest postuliert worden, so müssen klinische Korrelationen vertieft werden. Wurde zum Beispiel ein kausaler Zusammenhang zwischen einem Gen und einer bestimmten Krankheit entdeckt, so muss festgestellt werden, welche Veränderungen, Mutationen in diesem Gen oder in seinen Regulationssequenzen welche klinischen Konsequenzen hat. Der Gentest stellt also im besten Fall eine eindeutige Diagnose dar, die wiederum Basis für eine

eventuelle Prophylaxe oder Therapie sein kann. Ein mindestens ebenso wichtiger Grund für die breite Anwendung von Gentests ist aber auch, dass die Erhebung von Gensequenzdaten und dem assoziierten klinischen Phänotyp eines Patienten Grundstein für Diagnose, Prognose, Prophylaxe oder Therapie des nächsten zukünftigen Patienten ist – und immer so fort (siehe Kapitel „Der Nutzen von neuen genetischen Daten").

3) Wie bereits erwähnt und in dem noch kommenden Kapitel „Von der Therapie zur Prophylaxe" detailliert erläutert, bietet die Anwendung von Gentests die große Chance, durch eine entsprechende Adaptierung seiner persönlichen Umwelteinflüsse einer genetischen Anlage für eine bestimmte Erkrankung entgegenzuwirken. Außerdem kann man mit Hilfe von Gentests den Einsatz von Medikamenten optimieren, also die beste Wirkung bei geringst möglichen Nebenwirkungen erzielen (siehe Kapitel „Die persönliche Medizin"). Davor aber soll in dem Kapitel „Die genetische Therapie" noch auf zwei andere Aspekte der Genforschung eingegangen werden, die sich schließlich auch als Konsequenz des umsichtigen Einsatzes von Gentests ergeben. Kennt man die genetischen Ursachen für eine Erkrankung, und sind diese einem Gentest zugänglich, so ist es ein wissenschaftlicher, logischer und konsequenter Ansatz, eine Korrektur des vorliegenden genetischen „Defekts" mittels Gentherapie vornehmen zu wollen. Es ist in diesem Zusammenhang weiters von großer Bedeutung, klar zu machen, dass eine große Anzahl von Medikamenten heute bereits über gentechnologische Verfahren hergestellt werden.

Genetik in der Medizin

Es wäre (aber andererseits) eine völlig einseitige und nicht sehr erfolgversprechende Sichtweise, würde man alle Hoffnung in der modernen Medizin auf Genforschung und die Anwendung von Gentests legen. Was gemeint ist, ist dass heute schon, und in Zukunft noch viel mehr, ausschließlich die Kombination aus vielen/allen medizinischen Fächern, Fachbereichen, Disziplinen und wissenschaftlichen Richtungen zum Erfolg führen kann. Gemeint war aber schon, dass bei einem zukünftigen, noch stärker fächerübergreifenderen Zusammenarbeiten die Genetik nicht mehr fehlen darf und kann.

Mein persönliches Bild der Genetik in der Medizin stützt sich auf die Tatsache, dass kein klinisches Fach in Zukunft ohne genetische Arbeitsmethoden, Gentests und ähnlichem auskommen wird. Wenn also einerseits Genetik in der Medizin ein genauso eigenständiges Fach wie zum Beispiel Chemie oder Pathologie ist, so sollen meine obigen Ausführungen aber auch nicht zu einer Überbewertung der Bedeutung von Genforschung in der Medizin führen. Jede medizinische Fakultät braucht Experten und Ansprechpartner in Genetik genauso wie in Pathologie. Umgekehrt kommt aber auch kein Arzt, welchen klinischen Faches auch immer, bei seiner täglichen klinischen Arbeit ohne die Anwendung genetischer oder pathologischer Befunde, Forschungsergebnisse, etc. aus. Also sollte jeder Arzt zumindest den für seinen Bereich essentiellen Teil medizinischer Genetik kennen. Und der Experte in Genetik in der Medizin hilft dabei. So schließt sich der Kreis. Nicht mehr und nicht weniger ist Genetik in der Medizin.

Humangenetik und medizinische Genetik

Wohingegen meine sehr allgemein gehaltenen Ausführungen zur Bedeutung der Genetik in der Medizin keinerlei wirkliche fachliche Abgrenzungen beinhalten, haben sich in diesem Zusammenhang doch bestimmte Begriffe und Definitionen eingebürgert.

Professor Ferguson-Smith schreibt in der vom Nobelpreisträger für Medizin 2002 Sydney Brenner gemeinsam mit J. H. Miller herausgegebenen „Encyclopedia of genetics" im Jahr 2001 zum Begriff „Humangenetik":

> *Human genetics is the study of genetics and biological variation in Homo Sapiens. Its various branches are population genetics, cytogenetics, biochemical genetics, and genome studies including biodiversity and human evolution. Clinical genetics is that part of human genetics that studies genetic variation associated with the pathogenesis of disease.*[2]

Der Begriff „Medizinische Genetik" ist gleichbedeutend mit dem Begriff „Klinische Genetik". Professor Conner schreibt in der oben bereits zitierten Enzyklopädie dazu:

> *Clinical genetics (also termed medical genetics) is the science of human biological variation as it relates to health and disease. Although people have long been aware that individuals differ, that children tend to resemble their parents, and that certain diseases tend to run in families, the scientific basis for these observations was only discovered during the past 125 years. The clinical applications of this knowledge are even more recent with most progress confined to the past 35 years. The term clinical genetics is also applied to the clinical speciality which is concerned with the delivery of medical genetics services. These services include clinicians, genetic counselors, nurses, scientists, and support staff and provide genetic testing and genetic assessment and counseling.*[3]

Biotechnologie

Um begriffliche Klarheit zu schaffen, möchte ich hier noch die Bezeichnung „Biotechnologie" von Begriffen wie „Genetik", „Gentechnik", „Gentechnologie", „Genforschung" etc. unterscheiden. Viel zu oft kommt es bei diesen zu Verwechslungen. Es muss klar gemacht werden, dass gentechnologische Methoden ein Bestandteil der Biotechnologie sind, Biotechnologie darüber hinaus aber noch viel mehr beinhaltet. Also nicht alles, was „biotechnologisch" ist, betrifft den Genetiker und seine Arbeit.

Die Definition der Segmente der modernen Biotechnologie von Ernst & Young aus dem Jahr 2000[4] macht diesen Aspekt sehr transparent verständlich:

In der Betrachtung des deutschen Wirtschaftssektors Biotechnologie werden unter „moderner Biotechnologie" alle innovativen Methoden, Verfahren oder Produkte verstanden, die die wesentliche Nutzung von lebenden Organismen oder ihrer zellulären und subzellulären Bestandteile beinhalten und dabei im Rahmen eines ursächlichen verständnisbasierten Ansatzes von Erkenntnissen der Forschung auf den Gebieten Biochemie, Molekularbiologie, Immunologie, Virologie, Mikrobiologie, Zellbiologie oder Umwelt- und Verfahrenstechnik Gebrauch machen. Dies beinhaltet demnach auch die innovativen Produkte und Verfahren, die nicht mit gentechnischen Methoden arbeiten, wie Naturstoffbibliotheken, Immunoassays und solche, die nicht im engeren Sinne „bio"-technologisch sind, aufgrund ihrer engen Vernetzung mit der Biotechnologie aber Bausteine in der Wertschöpfungskette der Life Science Industrie sind. Beispiele hierfür sind Bioinformatik, Biosensorik, kombinatorische Chemie, Hochdurchsatz-Screening, Biomaterialforschung und galenische Entwicklung.

Weitere Unterscheidungen trennen die rote Biotechnologie von einer grünen und einer grauen. Die Grüne Biotechnologie umfasst biotechnologische Anwendungen im Agrarsektor. Unter dem Begriff graue Biotechnologie werden alle Einsatzgebiete der Biotechnologie im Bereich des Umweltschutzes und der Bioverfahrenstechnik zusammengefasst. Die rote Biotechnologie umfasst alle medizinischen Anwendungen.[5]

Die rote Biotechnologie bedient sich also auch genetischer und gentechnologischer Methoden. Das Wirkungsgebiet roter Biotechnologie überschneidet sich an vielen Stellen mit medizinischer Genetik. Dies ist zum Beispiel zweifellos im Zusammenhang mit der Entwicklung und dem Austesten von diagnostischen und therapeutischen Produkten der Fall, wie in den unmittelbar folgenden Kapiteln noch genauer erläutert werden wird.

„Discovery Science" versus „Hypothesis Driven Science"

„Discovery Science" ist als Gegenstück zur Hypothesen-getriebenen Forschung von technologischen Anwendungen getrieben. Man macht dabei groß angelegte Beobachtungen und sammelt große Mengen an Vergleichsdaten und testet dabei nicht notwendigerweise direkt eine bestimmte Hypothese. Solche Beobachtungen können aber andererseits dann testbare Hypothesen aufwerfen oder sogar mehr oder weniger zufällig eine bereits existierende Hypothese bestätigen. Die letzte wohl aufsehenerregendste Errungenschaft sogenannter „Discovery Science" ist die Sequenzierung des menschlichen Genoms.[6]

Wenn auch in jüngster Vergangenheit verschiedenste Projekte, die der „Discovery Science" zuzuordnen sind, wichtige Erkenntnisse für die Genetik in der Medizin gebracht haben, so denke ich aber, dass die Zukunft auf gerade diesem Gebiet mehr denn je in der Hypothesen-getriebenen Forschung liegt.

Der Zellbiologe und Nobelpreisträger Günter Blobel formuliert diesen wichtigen Aspekt so:

Sicher, die Hochdrucktechniken liefern viele Daten, aber das Wichtigste ist, diese Daten zu interpretieren. Die Hypothesen-getriebene Forschung ist nach wie vor die interessante Forschung und liefert die wichtigsten Resultate.[7]

Und Sidney Brenner, Nobelpreisträger für Medizin 2002, formuliert noch klarer:

Im Moment gibt es starke Bewegungen gegen Hypothesen-getriebene Forschung. Ich glaube, das ist der größte Müll, der jemals vorgebracht wurde.[8]

So hat zum Beispiel die Durchsequenzierung des menschlichen Genoms („Discovery Science“) höchst positive Auswirkungen im Zusammenhang mit den langen und teils steinigen Wegen, die zur Aufklärung der molekularen Mechanismen einer Krankheit führen. Aus meiner Sicht liegt ein großer Anteil dieser positiven Auswirkungen vor allem auch darin, Hypothesen für molekulare Ursachen bestimmter Erkrankungen schneller und effizienter überprüfen zu können. Hat man einen Verdacht einen DNA-Abschnitt betreffend und dessen Zusammenhang mit dem Auftreten eines bestimmten Krankheitsbildes, so sind die entsprechenden genetischen Untersuchungen heute wesentlich effizienter zu bewerkstelligen als in der sogenannten „Prä-Genom-Ära“. Zusätzlich aber hat sich auch der umgekehrte Weg als Ergebnis des humanen Genomprojekts immer mehr herauskristallisiert. Eine sehr große Zahl verschiedenster DNA-Polymorphismen (vergleiche Kapitel „Kranke Gene“) wurden dadurch identifiziert. Wie bereits mehrfach erwähnt, sind heute unzählige Forscher auf der Suche nach Zusammenhängen zwischen dem Auftreten bestimmter Polymorphismen und einer definierbaren Wahrscheinlichkeit für das Auftreten bestimmter Krankheiten oder Merkmale. Also: „From disease to gene – and – from gene to disease."[9]

Als Konsequenz dieser meiner Ausführung kann ich daher aus tiefster Überzeugung sagen, dass Michel Houellebecq nicht recht hat, wenn er schreibt:

> *Entgegen der unter romantischen Zeitgenossen weit verbreiteten Vorstellung vom Forscher als einem Rimbaud des Mikroskops, sind die Molekularbiologen meistens rechtschaffene, nicht sonderlich geniale Techniker, die Le Nouvel Observateur lesen und davon träumen, ihren Urlaub in Grönland zu verbringen. Die molekularbiologische Forschung erfordert keinerlei schöpferische Begabung, keinerlei Erfindungsgabe; in Wirklichkeit ist es eine fast völlig routinemäßige Tätigkeit, die nur durchschnittliche, zweitrangige geistige Fähigkeiten erfordert. Die Leute schreiben Doktorarbeiten, habilitieren sich, dabei würde ein Grundstudium völlig ausreichen, um die Apparate zu bedienen.*[10]

Wen wundert es, dass gerade ich gegen diese These aus dem von mir sonst wirklich sehr geschätzten Roman „Elementarteilchen" von Michel Houellebecq Sturm laufe. Genauer gesagt hoffe ich, dass die Molekularbiologie niemals zu einer nahezu maschinell betriebenen „Discovery Science" wird, sondern sich wieder mehr den vielversprechenden Möglichkeiten der „Hypothesis Driven Science" verschreibt.

Welches Gen ist es?

Sobald der Verdacht besteht, dass es sich um eine genetische Krankheit handelt, ist die Frage, welches Gen, beziehungsweise welche Gene, involviert sind, berechtigt. Wie aber kann man ein Gen identifizieren, das im Zusammenhang mit der

Entstehung einer Krankheit steht? Ohne hierbei auf molekulargenetische wissenschaftliche Details eingehen zu wollen, kann gesagt werden, dass es eine Vielzahl verschiedener und doch ähnlicher Ansätze dafür gibt.

Zum Beispiel können Hypothesen und/oder molekularbiologische Untersuchungen einen konkreten Verdacht aufwerfen. Aufgrund der Aufklärung der biochemischen Funktionen eines Proteins kann der Verdacht entstehen, dass das zugehörige Gen eine Rolle bei der Entstehung einer Krankheit spielt, bei der diese biochemischen Funktionen beeinträchtigt, verändert sind. Oder anders gesagt, die Annahme besteht, dass Mutationen in diesem Gen die Funktionen dieses Proteins verändern, oder es zu einem Verlust der Proteinaktivität kommt, und dadurch die Krankheit ausgelöst wird. So kann man schließlich ein „Kandidaten-Gen" für eine bestimmte Krankheit postulieren.

Wegen des humanen Genomprojektes, aber auch schon bevor es überhaupt begonnen hat, kennt und kannte man eine Unzahl von DNA-Sequenzvarianten (Markern), von denen man genau weiß, wo im Genom, auf welchem Chromosom, in welcher Region sie gelegen sind. In „Assoziations-Studien" wird schließlich untersucht, ob Patienten mit einer definierten Erkrankung signifikant unterschiedlich häufig Träger solcher individueller Varianten verglichen mit gesunden Kontrollen sind. Findet man aussagekräftige Varianten, besteht die Chance, dadurch die DNA Region auf der ein bestimmtes krankheitsauslösendes Gen sitzt, einzuengen, ja vielleicht schließlich sogar dieses Gen zu identifizieren.[11]

Es sind letztlich an Patienten durchgeführte Gentests, die im Zuge wissenschaftlicher Projekte angewandt werden müssen, um die Frage zu beantworten, ob ein be-

stimmtes Gen, beziehungsweise welches Gen im Zusammenhang mit dem Auftreten der erforschten Krankheit steht. Es müssen also Gentests zur Anwendung kommen, um überhaupt die Frage der Genetik einer Erkrankung klären zu können.

Was macht das Gen?
Entdeckt man ein Gen, das in einem Zusammenhang mit der Entstehung einer bestimmten Krankheit steht, so ist oft die wesentlichste Voraussetzung für die Entwicklung neuer Therapien die Erforschung der Funktionen der Genprodukte. Welche biochemische Funktion hat das Protein (haben die Proteine), das von diesem Gen ausgehend gebildet wird? Ich glaube, es muss nach allem bisher Gesagten nicht mehr darauf eingegangen werden, dass es heute ohne die Anwendung gentechnologischer Methoden nicht mehr zu bewerkstelligen wäre, solche Funktionen aufzuklären. Für eine bemerkenswerte Anzahl an Erkrankungen sind die molekularen Mechanismen/Ursachen bereits geklärt. Aber für eine noch viel größere Anzahl verschiedener Krankheiten sind diese Fragen noch offen. Viel wissenschaftliche Knochenarbeit, auch eben unter Einsatz und Anwendung von Gentests, muss noch geleistet werden, um solche Fragen zu klären. Das ist so enorm wichtig, da, wie bereits gesagt, diese Kenntnisse über die molekularen Mechanismen der Krankheitsentstehung in vielen Fällen in der Zukunft die einzige Chance sein werden, neue, wirkungsvolle Therapien zu entwickeln.

Gentests in der Forschung müssen also zur Anwendung kommen, um neue Therapien entwickeln zu können, um schließlich durch die Anwendung dieser Therapien einen Ausweg aus einem genetischen Determinismus mutierter krankheitsauslösender Gene anbieten zu können.

Der Nutzen von neuen genetischen Daten

Zweifellos existiert heute noch eine Schere zwischen dem, was genetisch diagnostizierbar ist, und dem, wofür bereits Therapien entwickelt werden konnten. Und die Frage, ob etwas im individuellen Fall bei einem ratsuchenden Patienten diagnostiziert werden soll, obwohl keine Therapie existiert, ist wirklich mehr als kompliziert. Wenn es jemand wissen will, ist es doch sein gutes Recht – so könnte man argumentieren. Was aber macht es eigentlich für einen Sinn, das wissen zu wollen? ... und so weiter. Wir kommen im Kapitel „Der Blick in die Kristallkugel" noch darauf zu sprechen.

Dass diese unumstrittene Schere aber immer wieder argumentativ verwendet wird, um pauschal über Gentests und ihre Anwendung zu urteilen, befremdet. Bei so manchen Diskussionen zu diesen und ähnlichen Themen der modernen Biomedizin bin ich geneigt Verständnis für die Worte von Professor Eigen zu zeigen:

Kein Jahrhundert zuvor hat so tief in das Leben des Menschen eingegriffen. Kaum ein Jahrhundert zuvor hat ähnlich viel Angst und Schrecken erzeugt und im Bewusstsein des Menschen verankert. Man ist misstrauisch geworden. Wenn heutzutage eine Entdeckung oder Erfindung bekannt wird, so lautet die erste Frage nicht etwa wie in früherer Zeit: Welchen Nutzen kann sie der Menschheit bringen? Sie lautet: Welche Schäden wird sie heraufbeschwören? Wie wird sie unser Wohlbefinden beeinträchtigen, unsere Gesundheit, die uns – erst aufgrund wissenschaftlicher Erkenntnis – heute ein durchschnittliches Lebensalter von beinahe 75 Jahren, nahe der natürlichen biologischen Altersgrenze, beschert (M. Eigen, 1997).[1]

Einer für alle – alle für einen

Ich hoffe, es ist mir im vorigen Kapitel gelungen klar zu machen, dass eine wissenschaftliche Aufklärung der molekularen Prozesse, die einer genetischen Krankheit zugrunde liegen, in letzter Konsequenz nur unter Zuhilfenahme von Gentests auch eben aus wissenschaftlichen Gründen möglich ist. Wir haben bereits im ersten Kapitel dieses Buches darüber gesprochen, dass Mutationen innerhalb eines Gens bei einem Patienten zum Ausbruch einer Krankheit führen können, obwohl sie bei einem anderen keinerlei solche Konsequenzen nach sich ziehen. Wenn auch bei vielen Krankheiten der Gentest klare Antworten darauf liefert, mit welchen klinischen Symptomen wann zu rechnen ist, so gibt es auch andere Fälle. Bevor ich wissenschaftliche Gründe dafür anführe, möchte ich gleich an dieser Stelle klar machen, dass es meiner Meinung nach ein voreiliger Schluss ist, zu sagen: „Wenn es aber doch nicht ganz klar ist was die Konsequenzen des Testergebnisses sind, warum dann überhaupt ein Gentest?“ Genau das Gegenteil ist eigentlich der Fall. Nur durch die Erfahrungen aus wissenschaftlichen Studien an Einzelnen ist es möglich, allgemein gültigere Aussagen zu treffen. Es müssen Daten aus Gentests gesammelt und mit den klinischen Untersuchungen zusammengeführt werden um ein Bild davon zu bekommen, was das Spektrum des Möglichen beinhaltet. Je mehr solcher Daten existieren und auch gut zugänglich zur Verfügung stehen, umso besser kann man schließlich wieder für den Einzelnen Prognosen herleiten oder Prophylaxen/Therapien vorschlagen.

Genotyp-Phänotyp Korrelation

Es geht um die Frage, welche genetischen Veränderungen genau welche phänotypischen Konsequenzen haben. Im Kapitel

„Kranke Gene“ haben wir davon gesprochen, dass Mutationen in einem Gen ohne Auswirkungen, mit positiven oder eben auch mit negativen Auswirkungen (pathogene Mutationen; kranke Gene) sein können. Es gibt aber zusätzlich auch die Möglichkeit, dass innerhalb ein und desselben Gens verschiedene Mutationen verschiedene Auswirkungen haben. So kann es sein, dass eine Mutation zwar zu einer Veränderung der entsprechenden Proteinsequenz führt, aber keinerlei Auswirkungen auf die Funktion dieses Proteins hat. Entscheidend ist in diesem Zusammenhang, ob ein aktiver Anteil des Proteins von der Mutation betroffen ist oder nicht. Es kann aber auch so sein, dass eine andere Mutation diese Funktion des Proteins nur ein wenig beeinträchtigt, wohingegen wieder eine andere Mutation an einer anderen Stelle des Proteins sehr starke Auswirkungen auf die Proteinaktivität hat. Nicht nur die Stelle innerhalb des Gens ist in diesem Zusammenhang entscheidend, sondern auch die Art der Mutation: Ist ein Stück verlorengegangen, dazugekommen, ausgetauscht, etc.?

Es hängt also von der Lokalisation und der Art einer Genmutation ab, welche funktionelle Auswirkungen sie für das Protein hat. Weitergedacht kann dies aber auch zu verschiedenen klinischen Phänotypen führen.

Nur durch groß angelegte Studien, bei denen Gentests zur Anwendung kommen, ist die Frage zu klären, welche Mutationen welche klinischen Konsequenzen haben.

Penetranz

Ein anderes Phänomen ist hier zusätzlich von Bedeutung. Unter Penetranz versteht man die „Durchschlagskraft“ eines Gens. Sie gibt an, in wie viel Prozent der Fälle sich ein Gen in einem bestimmten Phänotyp manifestiert. Hat also zum Beispiel eine genetische Krankheit eine Penetranz von 50%, so bedeutet dies, dass nur die Hälfte der Träger auch die Symptomatik der Erkrankung zeigen, und die andere Hälfte mehr oder weniger nicht erkrankt. Es ist aber wichtig zu wissen, dass auch jene, die nicht erkranken, die Anlage an ihre Kinder weitergeben können, und dass die Krankheit dann bei den Kindern auftreten kann.[2] Wenn auch die molekularen Ursachen dafür zum Teil erst aufgeklärt werden müssen, so ist auch in diesem Fall klar, dass nur die Anwendung von Gentests bei einer signifikanten Anzahl von Betroffenen solche Phänomene ans Tageslicht bringen kann. Für die Beratung von Patienten nach solchen Gentests sind solche Daten unverzichtbar; sie müssen zuerst aber einmal erhoben werden.[3]

Expressivität

Wirkt sich ein Gen schließlich phänotypisch aus, so kann der Grad dieser Ausprägung aber unterschiedlich sein. Es kann einerseits mit schweren Krankheitssymptomen oder auch nur mit ganz leichten assoziiert sein. Mit Expressivität bezeichnet man den Grad der phänotypischen Ausprägung.[4] Hier gilt das gleiche, wie oben im Zusammenhang mit Penetranz bereits erwähnt: Durch Forschung mittels Anwendung von Gentests wird die Voraussetzung geschaffen, solche Phänomene zu verstehen und bessere Voraussagen für den einzelnen Betroffenen machen zu können.[5]

Solche Studien können sogar ans Tageslicht führen, dass es genetische Erkrankungen gibt, bei denen beide Phänomene auftreten können:

> *Several conditions, such as tuberous sclerosis, may show both reduced penetrance and variable expressivity.*[6]

Tuberöse Sklerose ist eine genetische Erkrankung, die ungefähr 1 von 6.000 Neugeborenen betrifft. Meine Forschungsgruppe arbeitet bereits seit einigen Jahren an der Erforschung der molekularen Entstehungsmechanismen dieser Krankheit. Bei den Patienten bilden sich bestimmte Tumore (Hamartome) in vielen verschiedenen Organen aus, speziell aber im Gehirn. Die Patienten können unter anderem von Autismus, Epilepsie oder geistiger Retardierung betroffen sein. Träger von Mutationen können aber aufgrund der oben angeführten Phänomene auch mehr oder weniger symptomlos bleiben.[7] Auf dieses Phänomen und seine Implikationen im Zusammenhang mit *Auswirkungen* von Gentests bei Tuberöser Sklerose werde ich noch genauer im Kapitel „Der Gentest weiß mehr“ eingehen.

Erforschung der Krankheit – Etablierung des Gentests – Anwendung der Therapie

1) Die molekularen Ursachen einer genetischen Krankheit müssen geklärt werden, um neue Therapien entwickeln zu können. Dafür müssen Gentests zum Einsatz kommen.
2) Um Gentests für die Routineanwendung zu etablieren, muss zuvor in Forschungsprojekten durch Korrelation mit klinischen Daten ihre Aussagekraft hinsichtlich der zu erwartenden phänotypischen Konsequenzen evaluiert werden. Dafür ist wiederum der Einsatz von Gentests notwendig.
3) Um für einen Patienten die individuell optimalen Therapiekonzepte entwerfen zu können, muss heute oft ein klinischer Verdacht auf eine genetische Erkrankung bestätigt oder entkräftet werden. Zusätzlich müssen dabei oft verschiedene Möglichkeiten ausgeschlossen werden. Auch das geht nicht ohne Gentests.

Es besteht überhaupt kein Zweifel daran, dass die Anwendung von Gentests unter Regeln gestellt werden muss. Die Gründe dafür werden wir im dritten Teil dieses Buches detailliert behandeln. Man muss andererseits aber auch an dieser Stelle bereits davor warnen, dass restriktive Regeln eventuelle Chancen mindern könnten.

An den Schluss möchte ich ein Zitat des Pharmaindustrie-Experten Karsten Henco stellen, das, wie ich meine, die Entwicklungen auf diesem Gebiet nicht eindeutiger beschreiben könnte:

Früher funktionierte Arzneimittelforschung so, dass Chemiker Substanzen produzierten, die sie einem Hund zu fressen gaben – je nachdem, ob der Herzrasen bekam oder pinkeln musste, hatten sie ein Blutdruckstimulanz oder ein Entwässerungsmittel erfunden.

Heute forschen Wissenschaftler zuerst nach genetischen Ursachen für Krankheiten, für die sie dann gezielt Wirkstoffe entwickeln können.[8]

Die „genetische“ Therapie

Gentests müssen zur Anwendung kommen, um genetische Erkrankungen besser verstehen zu können und die Entwicklung neuer Therapien voranzutreiben. Diese Therapien sind, neben Adaptierung der Lebensführung und allen anderen prophylaktischen Maßnahmen, Teil des Auswegs aus dem Determinismus kranker Gene.

Das „genetische“ Medikament

Solche Therapien können einerseits den Einsatz von Medikamenten bedeuten. Auch hier gilt, dass die genetische Diagnostik einen ganz wichtigen Bestandteil dieses Konzepts als Voraussetzung der optimalen Medikamentation bildet (dazu in den nächsten beiden Kapiteln genauer). Zusätzlich aber sind es auch gentechnologische Methoden, die immer stärker Einzug in die pharmazeutische Industrie halten. Würde man aus dieser heute gentechnologische Ansätze vollständig exkludieren würden mehrheitlich nur leere Labors und leere Produktionsräume übrigbleiben.

Spricht man von gentechnischen Herstellungsverfahren in der Pharmazie, so kommt man unweigerlich auf Insulin. Insulin ist ein Polypeptid-Hormon (ein Protein), das beim Menschen für die Regulation des Glucose-Gehalts im Blut verantwortlich ist. Schon seit über 70 Jahren wird Insulin therapeutisch zur Behandlung der Zuckerkrankheit eingesetzt. Die Zuckerkrankheit (Diabetes mellitus) ist dadurch charakterisiert, dass bei den Patienten eine Deregulation des Glucosespiegels aufgrund gestörter Bildung und/oder Freisetzung von Insulin vorliegt. Der häufigere Altersdiabetes Typ II wird vom Typ I Diabetes unterschieden.[1] Das klinische Bild vor allem des Typ I Diabetes schließt Veränderungen an Herz, Niere, Augenhintergrund und Extremitäten mit der Gefahr von beispielsweise Erblindung, Niereninsuffizienz, Arteriosklerose und vielem mehr ein. Dies führt oft zu herabgesetzter Leistungsfähigkeit und Lebenserwartung. Dass genetische Komponenten eine wesentliche Rolle bei der Entstehung von Zuckerkrankheit spielen, ist unumstritten. Da es offensichtlich so viele verschiedene Unterformen dieser Krankheit gibt, existieren auch ähnlich viele verschiedene Arbeitshypothesen. Auch hierbei spielen Umwelt und Gene oft gleichbedeutende Rollen.[2] Während beim Typ II Diabetes meist Medikamente und Diät noch Abhilfe schaffen können, muss beim Typ I Diabetes regelmäßig Insulin injiziert werden.

Insulin wurde ursprünglich aus Bauchspeicheldrüsen von Rindern und Schweinen isoliert. Mit einer Bauchspeicheldrüse eines Schweines konnte der Insulinbedarf eines Patienten allerdings nur 3 Tage, mit einer Rinderbauchspeicheldrüse nur 10 Tage gedeckt werden. Zusätzlich kann tierisches Insulin bei langer Gabe beim Menschen immunologische Reaktionen auslösen. Daher bestand seit jeher das Interesse der pharmazeutischen Industrie (angetrieben von beidem – dem Menschen zu helfen und aber auch viel Geld damit zu verdienen), menschliches Insulin in ausreichenden Mengen herzustellen. Neben biochemischen Ansätzen wurde schließlich auch ein gentechnologischer gewählt. Seit ungefähr 1985 hat sich solch eine gentechnologische Methode zur Herstellung von Insulin durchgesetzt. Man hat das menschliche Gen für Insulin in das Genom des Bakteriums *Escherichia coli* oder der Hefe *Saccharomyces cerevisiae* eingeschleust. Es wurden Verfahren entwickelt, bei denen Kulturen von Unmengen dieser Organismen ständig Insulin produzieren, das schließlich für den Einsatz in der Therapie gewonnen werden kann. Dieses

Insulin ist nun in ausreichender Menge für jeden Diabetiker erhältlich und löst keinerlei immunologische Reaktionen mehr aus. Ungefähr 140 Millionen Menschen leiden unter Diabetes, davon etwa 60 Millionen an Diabetes Typ I und über 2% der Bevölkerung in den Industriestaaten unter Diabetes Typ II.[3]

Heute gibt es bereits eine Vielzahl von gentechnologischen Herstellungsverfahren, die einen unverzichtbaren Anteil in der Medikamentenproduktion bilden. Die oben beschriebene Methode zur Herstellung menschlicher Proteine durch sogenannte Fermentation von Mikroorganismen stellt mit Sicherheit eine sehr wichtige dar. Neben Insulin wurde zum Beispiel menschliches Wachstumshormon, Alpha Interferon und der Gewebsplasminogen-Aktivator auf diesem Wege in die Therapie eingeführt.[4] So hergestellte Hormone finden heute bereits ein breites Anwendungsspektrum. Zum Beispiel wird ein so produziertes Follikel-stimulierendes Hormon bei Unfruchtbarkeit eingesetzt, Calciton bei Skelettmuskel-Erkrankungen, das „Thyroid-Stimulating-Hormone“ bei Schilddrüsen-Krebs oder das „Atrial-Natriuretic-Peptide“ bei Nierenversagen.[5]

Der Aufstieg der Therapie mit Genen

Um dem Determinismus eines kranken Gens zu entkommen, können also prophylaktische und/oder therapeutische Maßnahmen (so sie zur Verfügung stehen) eingesetzt werden. Wir haben in diesem Zusammenhang schon einmal davon gesprochen, die „Umwelt“ optimalerweise so zu beeinflussen oder zu verändern, dass man den negativen Auswirkungen des mutierten Gens entgegenwirkt. Warum aber nicht einfach das mutierte Gen bei einem Menschen durch ein intaktes mit der nicht fehlerhaften Sequenz austauschen? Das wäre natürlich auch eine Möglichkeit, den genetischen Determinismus zu brechen. Wäre das nicht vielleicht sogar die elegantere Methode, da dann keine kontinuierlichen Maßnahmen aufrecht erhalten werden müssten? Aus theoretischen Gesichtspunkten heraus – ja vielleicht. Praktisch gesehen aber ergeben sich bei solch einer sogenannten Gentherapie noch einige ungelöste Probleme. Ganz anders wird man eines Tages die Pros und Contras einer Anwendung von Gentherapie beurteilen, wenn diese technischen Probleme bewältigt sind. Zur Zeit gilt in diesem Zusammenhang aber nicht selten noch die treffende These:

Man soll Probleme nicht so lösen, dass die Probleme die durch die Problemlösung entstehen, größer sind als die Probleme, die gelöst werden (D. Mieth, 2002).[6]

Im ersten Kapitel dieses Buches war schon einmal die Rede von einem spektakulären Aufstieg mit einem darauffolgenden Fall in der Geschichte der Genetik in der Medizin. Scheint sich bei dem dort besprochenen Fall des Begriffs „Gen“ die Sinuskurve aber zur Zeit im Tal zu befinden, so ist betreffend „Gentherapie“ nach einem Hoch und einem Tief bereits wieder ein klarer Anstieg der Sinuskurve zu verzeichnen, der berechtigten Anlass zu großen Hoffnungen gibt.

Begonnen hat alles in den Jahren 1989 und 1990. Professor Rosenberg und seine Kollegen haben Blutzellen von Hautkrebspatienten im Endstadium entnommen und in diese Zellen *ex vivo* (also außerhalb des Körpers) ein bestimmtes Gen eingeschleust. Danach wurden diese Zellen wieder den Patienten injiziert. Dies war der erste technische Beweis, dass Gentherapie rein grundsätzlich denkbar und machbar ist.[7] Die erste „echte“ Gentherapie wurde schließlich 1990 bei einem vier Jahre alten Mädchen durchgeführt. Dieses Mädchen litt an Adenosin-Desaminase (ADA) Mangel. Hierbei führt eine Mutation im ADA Gen dazu, dass diese Patienten ein schweres Immunmangel Syndrom bekommen. Patienten mit dieser genetischen Erkrankung können selbst normale Erkältungskrankheiten nicht immunologisch abwehren. Jede Infektion ist lebensbedrohlich. Nur so aufwendige und einschneidende Therapien wie wöchentliche Injektionen bestimmter Medikamente können Linderung, niemals Heilung, bewirken. Amerikanische Wissenschaftler haben der vierjährigen Ashanti de Silva Blutzellen entnommen, in diese Zellen ein intaktes ADA Gen eingeschleust und dem Mädchen wieder gegeben.[8] Dieses Mädchen ist heute ein Teenager und trägt immer noch in einem Teil ihrer Blutzellen dieses eingeschleuste Gen. Ihr Immunsystem ist voll funktionsfähig. Gentherapie kann also wirklich funktionieren! Wenn dieser erste Fall das auch eindeutig bewiesen hat, so ist die eigentliche Kraft der Therapie hier nur eingeschränkt beurteilbar, weil, weil diesem Mädchen aus Sicherheitsgründen zusätzlich auch die traditionell eingesetzten Medikamente gegeben wurden.

Es war aber ohne Zweifel der Beginn einer neuen wissenschaftlichen Ära: Gentherapie als neuer Ansatz, dem genetischen Determinismus kranker Gene zu entkommen.

Als Gentherapie bezeichnet man eine innovative und zukunftsträchtige Therapieform, bei der DNA-Moleküle, die spezifische Gene kodieren, in bestimmte Zelltypen des Patienten eingebracht werden mit dem Ziel, spezifische Krankheiten zu behandeln oder gar zu heilen.[9]

In der darauffolgenden wissenschaftlichen Wirkungsphase ist das mögliche Anwendungsspektrum dieser Therapieform nahezu im Minutentakt um Krankheiten und technologische Ansätze erweitert worden. Therapeutische Strategien, bei denen ein Gen in menschliche Zellen eingeschleust wird, umfassen heute schließlich:

- den Ersatz eines fehlenden oder defekten Gens
- das Einschleusen von Genen, welche die Zerstörung von Krebszellen katalysieren oder Krebszellen wieder in normales Gewebe konvertieren lassen
- das Einschleusen viraler oder bakterieller Gene als therapeutische Impfung
- das Einschleusen von Genen, die das Wachstum von neuem Gewebe induzieren oder eine Regenerierung von geschädigtem Gewebe stimulieren.[10]

Die Hoffnung auf Erfolg durch dieses neue so vielversprechende Gebiet ließ verschiedenartigste Forschungsprojekte und klinische Studien in kaum überschaubarer Anzahl sprießen. Solange, bis 1999 am Institute for Human Gene Therapy an der Universität Pennsylvania der 18-jährige Patient Jesse Gelsinger wenige Tage nach dem Versuch, seine genetisch bedingte Stoffwechselstörung der Leber (mit dem unaussprechlichen Namen Ornithintranscarbamylase-Mangel) durch Gentherapie mit einem intakten (gesunden) Gen zu therapieren, verstarb.[11] Dies hat eine breite und hitzig geführte Diskussion über Vor- und Nachteile der Gentherapie entfacht. Zum zumindest vorübergehenden Fall der Akzeptanz der Gentherapie führte, was als Konsequenz dieser Diskussion durch das Einführen strengerer Kontrollen und Berichterstattungspflichten ans Tageslicht kam. Es traten offensichtlich viel mehr Komplikationen bei den verschiedenen durchgeführten Gentherapien auf, als den Anwendern lieb war. Was auch dazu führte, dass solche Komplikationen zumindest teilweise verschwiegen wurden.

Probleme, die gelöst werden müssen

Ob die einzelnen Patienten nun an ihrer Grunderkrankung oder an Nebenwirkungen/Problemen der Gentherapie verstorben sind, ist zum Teil schwer zu beantworten. Probleme, die durch die Gentherapie selbst verursacht sein könnten, waren aber speziell bei den noch älteren Protokollen denkbar. Zum Einschleusen der therapeutischen Gene, ob nun direkt in den Körper *(in vivo)* oder in entnommene Zellen, die dann zurückgegeben wurden (*ex vivo*), wurden hauptsächlich Viren verwendet. Bekannter Weise infizieren Viren menschliche Zellen, und ihre Gene werden dann dort aktiv und in Proteine übersetzt. Man verwendete gentechnologisch veränderte Viren, bei denen alle oder bestimmte virale Gene vorher entfernt worden waren, um die typischen Reaktionen des menschlichen Körpers, die dadurch ausgelöst werden können, zu vermeiden. In diese sogenannten viralen Vektoren bringt man dann das therapeutische Gen ein. Das virale Vektorsystem übernimmt schließlich die Aufgabe, das therapeutische Gen in die menschlichen Zellen zu bringen. Jesse Gelsinger verstarb vermutlich an einer Immunreaktion ausgelöst durch eine zu hohe Konzentration an Vektoren, vielleicht in Folge einer unkontrollierten Vermehrung der verwendeten Viren (in diesem Fall Adenoviren). Dass das Immunsystem des Patienten sowohl gegenüber den therapeutischen Genen selbst als auch gegenüber den Vektoren reagieren kann, ist heute klar. Es ist oberstes Ziel der Forschung, solche eventuelle Reaktionen auszuschalten oder zu minimieren.

Technische Hürden, die übersprungen werden müssen, gibt es aber außerdem noch viele andere. Es muss gewährleistet werden, dass die richtigen Zellen von der Gentherapie getroffen werden, und dass sich keine Ausbreitung auf andere Zellen einschleicht. Es muss zustande gebracht werden, dass die richtige Menge des vom therapeutischen Gen abgelesenen Proteins in der Zielzelle produziert wird. Es gibt Viren, die innerhalb der Zelle transient überleben und solche, die ihre Gene in das Genom der menschlichen Zelle integrieren und von dort ihre Proteine abgelesen werden. Im zweiten Fall besteht die Möglichkeit, dass durch diese Integration menschliche Gene der Zielzelle zerstört oder in ihrer Aktivität beeinflusst werden. Techniken müssen entwickelt werden, um dieses Risiko auszuschließen.

Der heutige Stand

Wenn auch die Forschung seither bereits Riesenschritte in Richtung der Bewältigung all dieser Probleme der Gentherapie gemacht hat, so besteht doch breiter Konsens, dass die Sicherheit dieser Methode heute auf keinen Fall hoch genug ist, um die Gentherapie auf die menschliche Keimbahn anzuwenden. Unter Keimbahntherapie versteht man, dass man das therapeutische Gen so früh in der menschlichen Entwicklung in den Embryo einschleust, dass die genetische Veränderung alle Zellen des sich entwickelnden Menschen betrifft. Im Tiermodell, vor allem an Mäusen, sind solche Ansätze bereits fixer Bestandteil der molekulargenetischen Forschung. Bei der Keimbahntherapie wären also alle Zellen des Menschen von der genetischen Therapie betroffen, auch seine eigenen Keimzellen (Ei- oder Samenzellen). Letzteres bedeutet konsequenterweise, dass er diese Veränderung auch an seine Nachkommen weitergeben würde. Man würde also nicht nur den Einzelnen, sondern auch alle Generationen danach „therapieren". Es wird gerade an der Entwicklung von Techniken gearbeitet, die eine solche Weitergabe an nächste Generationen verhindern könnten.

Es besteht also breiter Konsens, dass die oben angesprochenen, noch ungelösten Probleme einen Eingriff in die Keimbahn heute unvertretbar machen. Wie man aber über Keimbahntherapie im hypothetischen Fall denken würde, dass alle technischen Hürden überwunden und alle Risiken ausgeschlossen (oder zumindest eindeutig kalkulierbar) wären – das müsste dann von Neuem diskutiert werden. Ethische Aspekte müssen heute und auch in solch einer hypothetischen Zukunft in Erwägung gezogen werden.[12]

Gentherapien, die, wie die oben besprochenen, nicht in die Keimbahn vordringen, sondern nur bestimmte Körperzellen des Menschen betreffen, werden somatische Gentherapien genannt. Auf diesem Gebiet sind in den letzten Jahren enorme Fortschritte erzielt worden. Es stehen heute viel mehr verschiedene und bessere Vektoren für das Einschleusen der therapeutischen Gene zur Verfügung (zum Beispiel Retroviren, Adeno-assoziierte Viren, Lentiviren aber auch nicht virale Systeme). Die Erfahrungen mit dieser Technologie sind wesentlich ausgereifter. Über 500 verschiedene gentherapeutische Studien an tausenden Patienten sind nach Angaben des National Institute of Health gerade im Laufen. Ein Großteil davon betrifft Krebserkrankungen, monogenetische Erbkrankheiten, Infektionskrankheiten und kardiovaskuläre Erkrankungen.[13] Gerade im Jahr 2002 wurden eine Reihe sehr vielversprechender und ermutigender neuer Ergebnisse mit Gentherapie veröffentlicht. Es handelt sich hierbei um Berichte über erfolgreiche Therapien bestimmter Erkrankungen, wie zum Beispiel die schwere Immunerkrankung SCID (severe combined immune deficiency syndrome)[14] oder das Pombe Syndrom, eine genetisch bedingte Erkrankung, für die es keine wirkliche Therapie gibt, die aber sehr häufig in den ersten

Lebensjahren zum Tod führt.[15] Parallel hört man aber genauso auch von schweren Rückschlägen, wie zum Beispiel dem Auftreten von Leukämie bei gentherapierten Kindern. Eine vielversprechende und hoffnungsträchtige Technologie ist also erst auf dem Weg zu ihrem Ziel.

Die Gentherapie stellt ganz ohne Zweifel die wahrscheinlich zielgerichtetste biomedizinische Strategie dar, dem Determinismus kranker Gene zu entkommen. Für den sinnvollen Einsatz von Gentherapie muss die zu therapierende genetische Erkrankung zuerst einmal sicher diagnostiziert werden – und das geht nicht ohne den Einsatz von Gentests!

Von der Therapie zur Prophylaxe

Wir werden mit Papier und Stift in der Hand geboren – aber schreiben müssen wir unsere Geschichte selbst (D. Hamer und P. Copeland, 1998).[1]

Der Mensch wird mit einem bestimmten Rüstzeug genetischer Information geboren. Er ist aber in seinen Merkmalen, Verhaltensweisen oder Eigenschaften nicht alleine durch diese genetische Information bestimmt. Einen mindestens ebenso wichtigen Anteil spielt die Umwelt. Umwelteinflüsse sind in diesem Zusammenhang, zumindest so uns ihre Wirkung bekannt ist, zu einem gewissen Grad beeinflussbar. Es ist ein unendliches Spektrum an Möglichkeiten, das dem Menschen gegeben ist, sich in seinen Eigenschaften oder seinem Wohlbefinden selbst zu beeinflussen (oder beeinflusst zu werden): Erziehung, Ausbildung, Ernährung, Lebensgewohnheiten und vieles mehr. Nicht selten vollständig unterbewusst strebt der Mensch stets danach, aus dem Gegebenen „das Beste" zu machen. Im neuen Jahrtausend ist allerhöchste Eile geboten zu erkennen, dass das Wissen um bestimmte genetische Voraussetzungen für den einzelnen Menschen enorme Vorteile bieten kann. Ich spreche hier also, wie ja bereits bisher immer wieder verdeutlicht, davon, dass bestimmte Anlagen für Krankheiten oder Neigungen zum Krankwerden nicht das Ende der Geschichte sein dürfen. Es muss das Recht jedes Einzelnen sein, sich (für sich selbst) zu fragen, welche genetischen Anlagen dieser Art er trägt. Das alleinige Ziel dieser Frage sollte es sein, sein persönliches Leben so zu gestalten, um eben für sich „das Beste" daraus machen zu können.

Solch allgemeine Formulierungen sind in diesem Zusammenhang, wie ich denke, notwendig, da der Begriff Krankheit mindestens genau solche subjektiven Komponenten hat wie die Beschreibung dessen, was für den Einzelnen „das Beste“ ist. Es geht mir hier darum, dass der Mensch die Möglichkeit haben soll, wenn er es will, seinen genetischen Anlagen für bestimmte Krankheiten durch Adaptierung der entsprechenden Umwelteinflüsse entgegenwirken zu können.[2]

Ich habe bereits an anderen Stellen dieses Buches darauf hingewiesen, dass ich keine scharfen Abgrenzungen zwischen den verschiedenen Bereichen solcher sogenannter „Umwelteinflüsse“ für sinnvoll halte. Ob es sich dabei nun um eine bestimmte Änderung des Lebensstils (betreffend Ernährung, Sport, etc.), um ganz konkrete medizinische prophylaktische Maßnahmen oder um den Einsatz von Therapien handelt – letztlich geht es darum, durch Einwirkungen von außen den „negativen“ Konsequenzen bestimmter genetischer Anlagen entgegenwirken zu können. Wie im dritten Teil dieses Buches *die Auswirkungen* herausgearbeitet, ist all das nicht ganz so einfach. Fragen wie „Was kann als negative Anlage gesehen werden?“, „Was darf für wen das Beste sein?“, „Wer darf was fragen oder sich was wünschen?“ müssen diskutiert werden.

Es dreht sich offensichtlich an dieser Stelle ganz konkret um die Kernthese dieses Buches: **Gentests müssen eingesetzt werden, um Konzepte entwickeln und anbieten zu können, die ein Entkommen aus einem Determinismus genetischer Anlagen ermöglichen.**

Zur Untermauerung und um immer wieder Verbindungsfäden zu diesem zentralen Punkt spinnen zu können, war es bereits bei dem bisher Gesagten notwendig, konkrete Beispiele für das Entgegenwirken gegen bestimmte genetische Anlagen oder „kranke Gene“ zu bringen. Wäre es also möglich, es dabei zu belassen? Wahrscheinlich ja. Ich halte es jedoch für wichtig, noch weitere anzuführen. Die von mir gewählten sollen vor allem die Weite des Bogens vermitteln, der hier gespannt werden kann. Es wäre ein aussichtsloses Unterfangen, wollte man alle medizinischen und weniger medizinischen Maßnahmen, die man bereits kennt, um ganz konkret bestimmten genetischen Anlagen entgegenwirken zu können, aufzählen.

Eine Diät

Wir haben bereits die Stoffwechselerkrankung Phenylketonurie erwähnt, bei der ein Gendefekt bewirkt, dass Phenylalanin nicht korrekt verstoffwechselt werden kann. Das Einhalten einer streng eiweißarmen Diät unter Gabe von phenylalaninfreien Amninosäurengemischen kann das Auftreten von schweren geistigen und körperlichen Fehlbildungen verhindern.[3] Diese Krankheit kann (und wird) neben Gentests auch über andere Wege diagnostiziert werden, und doch handelt es sich hierbei um ein sehr beeindruckendes Beispiel einer Umweltmaßnahme, die die Symptome einer genetischen Erkrankung mehr oder weniger vollständig verhindern kann.

Der Einsatz bestimmter Diäten in der medizinischen Prophylaxe oder Therapie von genetischen Erkrankungen hat bereits lange Tradition. Grundsätzlich muss bei der Entwicklung oder Anwendung solcher Therapien unterschieden werden, ob dadurch die Patienten wieder auf den physiologisch völlig normalen Ausgangspunkt gebracht werden können, so als ob sie keine „kranken Gene" hätten, oder ob es sich lediglich um eine Verbesserung der Situation handelt. Es ist natürlich klar, dass, vorausgesetzt das erstere ist nicht zu erreichen, das zweite genauso erstrebenswert ist. Wohingegen aber in der Regel im ersten Fall die molekularen Entstehungsprozesse genau bekannt sein müssen, um so wirksame Maßnahmen entwickeln zu können, ist im zweiteren Fall eine Behandlung der verschiedenen Symptome davon nicht notwendigerweise abhängig. Das Refsum-Syndrom zum Beispiel ist eine Erkrankung auf der Grundlage einer Genmutation, welches sich durch sehr früh eintretende körperliche aber auch geistige Fehlentwicklungen äußert, und bei dem durch Diät mit phytol- beziehungsweise chlorophyllfreier Nahrung gemeinsam mit Vitaminsubstitution und anderen Maßnahmen klinische Besserung erreicht werden kann. Oder wie bei der Krankheit, bei der früh körperliche und geistige Fehlentwicklungen auftreten, der genetischen Hyperglyzinämie, kann eine bestimmte eiweißarme mit unschädlichen Aminosäuren angereicherte Diät Milderung bewirken. Die Liste solcher Möglichkeiten ist nahezu täglich zu erweitern, da neue Ansätze hinzugefügt werden müssen, was sich unter anderem auch in ständigen Neuauflagen entsprechender Lehrbücher äußert.[4]

Wenn es auch möglich ist, dass die entsprechenden genetischen Anlagen für solche Erkrankungen von den Eltern (bei denen sie nicht zum Ausbruch kamen, weil es sich zum Beispiel um rezessive Anlagen handelt) ererbt wurden, so liegen sehr häufig aber auch in diesen Fällen spontane Mutationen vor, die nur den Patienten selbst betreffen. In allen Fällen können Gentests, so sie für die entsprechenden Krankheiten existieren, Bestätigung eines klinischen Verdachts, eine sichere Ausschlussdiagnostik, prognostische Aussagen anhand von Vergleichen mit gleichen Mutationen in diesen Genen bei anderen Patienten oder eben spezifischere und daher wirksamere Therapien ermöglichen. Existieren sie noch nicht, so muss es Ziel sein, sie durch entsprechende Forschung unter Anwendung verschiedener Kandidaten-Gentests zu entwickeln, um all das zu ermöglichen.

Und noch eine Diät

Was mir an dieser Stelle aber mindestens so sehr am Herzen liegt, ist die Möglichkeit, durch Gentests etwas über genetische Anlagen zu erfahren, die im späteren Leben einmal klinische Konsequenzen haben könnten. Bei solchen Anlagen liegt der Schwerpunkt darauf, Konzepte zu entwickeln „ihren Ausbruch“ zu verhindern.

Es besteht heute überhaupt kein Zweifel mehr daran, dass bei den meisten, wenn nicht bei allen, kardiovaskulären Erkrankungen genetische Komponenten eine Rolle spielen. Außerdem sind viele Zusammenhänge zwischen bestimmten genetischen Anlagen (Mutationen, Polymorphismen) und einem im späteren Leben gehäuften Auftreten ganz bestimmter solcher Erkrankungsformen und -bilder bekannt.[5] Ich denke, es erübrigt sich jegliche Argumentation dafür, dass es für den Einzelnen nur sinnvoll sein kann zu wissen, ob man zu einer Risikogruppe gehört oder nicht. Und ergänzend ist es natürlich ausgesprochen wichtig zu wissen, für welche bestimmte Erkrankung man ein so hohes Risiko aufgrund genetischer Anlagen trägt. Für viele solcher Risikopatienten sind schon ganz konkrete und bewiesenermaßen wirkungsvolle Ernährungs- und Lebensführungskonzepte entwickelt worden. Gerade bei kardiovaskulären Erkrankungen kann zum Beispiel zu viel (und falscher) Sport genauso gefährlich sein, wie zu wenig Bewegung. Ein gezieltes Abstimmen auf persönliche genetische Risikofaktoren ist Teil der medizinischen Vorsorge der Zukunft.

Um ein Beispiel mit vielleicht noch konkreteren und unmittelbaren Wechselwirkungen zu bringen, sei die Erkrankung Alpha 1-Antitrypsin-Mangel erwähnt. Es handelt sich hierbei um einen durch Genmutation verursachten Mangel an Alpha 1-Antitrypsin. Dieser Mangel führt schließlich zu einer

Herabsetzung des biochemischen Schutzes des Lungen- und Lebergewebes. Das Rauchen löst bei betroffenen Männern bereits im 3.–4. Lebensjahrzehnt chronische Bronchitis und Lungenemphysem aus. Alkoholgenuss führt häufig bereits im 5. Lebensjahrzehnt zum Tod durch Leberzirrhose. Alkohol- und Nikotinverzicht wirkt maßgeblich lebensverlängernd. In betroffenen Familien empfiehlt es sich, die entsprechenden biochemischen und genetischen Tests einzusetzen, um bereits im Kindesalter die eventuelle Anlage zu entdecken und so vor den hier besonders fatalen Folgen des Rauchen und des Alkoholkonsums warnen zu können.[6]

Die richtigen Maßnahmen

Im Kapitel „Die genetische Neigung zum Krankwerden" haben wir bereits diskutiert, dass Frauen mit einer Mutation im Brustkrebsgen BRCA1 ein enorm hohes Risiko haben, einmal an Brustkrebs zu erkranken. In betroffenen Familien kann der Wert von Gentests zur Beurteilung solch eines eventuellen Risikos nicht hoch genug eingeschätzt werden, möchte man den Betroffenen die Chance geben, durch ein abgestimmtes engmaschiges Vorsorgeprogramm diesen Anlagen entgegenzuwirken.

Ich möchte auch ein anderes Beispiel bringen, dass mich im Zusammenhang mit meiner Tätigkeit an einer Universitätsklinik für Frauenheilkunde besonders beschäftigt. Thrombosen, die während der Schwangerschaft auftreten, stellen sowohl für Mutter als auch Kind sehr ernstzunehmende Komplikationsfaktoren dar.[7] Man kennt heute bereits eine Vielzahl verschiedener Mutationen in verschiedenen Genen, die mit einer erhöhten Neigung zu Durchblutungsstörungen assoziiert sind. Die am besten erforschten davon sind Mutationen in den Genen für Faktor-V-Leiden und des Prothrombins.[8] Mutationen, die die Mutter trägt, können während der Schwangerschaft bei der Mutter selbst zu solchen Problemen führen, können aber auch Durchblutungsstörungen der Plazenta auslösen und dadurch wesentlich die kindliche Entwicklung beeinträchtigen. Natürlich kann das Kind selbst zusätzlich diese genetische Anlage von der Mutter geerbt haben. Daraus ergibt sich ein großes Spektrum an klinischen Symptomen, bei denen man an genetische Anlagen zur Thrombophilie denken sollte: durch Thrombosen ausgelöste Beschwerden der Mutter, Spätabortus ungeklärter Genese, Präeklampsie, vorzeitige Plazentalösung oder Plazentaverkalkung, intrauterine Wachstumsretardierung ungeklärter Genese, fetale Blutungen und vieles mehr.[9] Mit „Entgegenwirken" kann in diesem Zusammenhang einerseits eine Thromboseprophylaxe durch den Einsatz von Prophylaxestrümpfen, durch elektrische Wadenstimulation oder durch richtig eingesetzte körperliche Bewegung bei der Mutter gemeint sein. Andererseits ist bereits bekannt, dass Plättchenfunktionshemmer wie Acetylsalicylsäure zur Thrombozytenaggregationsprophylaxe nach oraler mütterlicher Einnahme leicht über die Plazenta den Feten erreichen. Niedrigdosierte Mengen von Aspirin wurden bereits erfolgreich präventiv eingesetzt.[10] Ein Gentest bei entsprechender klinischer Vorgeschichte kann von größter Bedeutung für eine Abschätzung der Wahrscheinlichkeit, des Manifestationszeitpunktes oder der Schwere und Ausprägung der Erkrankung sein.

So früh wie möglich

Die pränatale Diagnostik, also die Diagnostik am noch ungeborenen menschlichen Leben, stützt sich primär auf Ultraschalluntersuchungen. Bestimmte Auffälligkeiten aus der Ultraschalluntersuchung, erhöhtes mütterliches Alter oder entsprechende Familienanamnesen können (neben anderen) mit einer erhöhten Wahrscheinlichkeit assoziiert sein, dass das Kind von einer genetischen Erkrankung betroffen ist. Auf Wunsch der Eltern können in solchen Fällen kindliche Zellen durch invasive Eingriffe wie zum Beispiel Fruchtwasserpunktion oder Plazentapunktion gewonnen und für die genetische Diagnostik herangezogen werden.[11]

Beim Adrenogenitalen Syndrom führt ein bestimmter Gendefekt zu einer permanent erhöhten Ausscheidung von adrenocorticotropem Hormon. Dies kann wiederum bereits während der Schwangerschaftsphase eine kaum reversible Vermännlichung im weiblichen Geschlecht (Pseudo-Zwitterbildung) verursachen. In betroffenen Familien ist es möglich, durch Pränataldiagnostik mittels Gentest festzustellen, ob der Fetus von dieser Erkrankung betroffen ist oder nicht. Liegt die Krankheit vor, so kann durch eine spezifische Hormonsubstitution während der Schwangerschaft diese Vermännlichung verhindert werden.[12]

Genetische Hypothyreosen sind durch einen Schilddrüsenhormonmangel charakterisiert. Dieser führt zu sehr früh im Kindesalter einsetzenden geistigen Defekten. Bei betroffenen Familien kann sowohl durch Hormonbestimmung aus Nabelschnurblut, aber bei bestimmten Formen in Zukunft auch immer mehr durch Gentests schon am Ungeborenen festgestellt werden, ob die Krankheit vorliegt oder nicht. Eine pränatale Therapie durch Thyroxin-Injektionen kann den Ausbruch der schweren Symptome verhindern![13]

Diese beiden Fälle sind Beispiele für eine der wohl wichtigsten zukünftigen Entwicklungen im Zusammenhang mit dem Einsatz von Gentests: Pränatale genetische Diagnostik soll zur Anwendung kommen um Therapien am Ungeborenen durchführen zu können, die das Auftreten von Schädigungen verhindern sollen, die nach der Geburt nicht mehr reversibel wären.

Die persönliche Medizin

Schon seit langem haben kluge Ärzte gewusst: Arzneimittel können bei verschiedenen Menschen verschieden wirken. Und: Bei nahen Verwandten wirken sie nicht selten ähnlich (F. Vogel, 2001).[1]

Naturwissenschaftliche Erklärungen für diese bereits seit vielen Jahren bekannten Beobachtungen werden ständig durch neue Ergebnisse moderner Forschung auf dem Gebiet der medizinischen Genetik geliefert.

Pharmakogenetik, Pharmakogenomik und das individuelle Rezept

Eine der ersten molekular aufgeklärten patientenspezifischen Reaktionen auf bestimmte Arzneimittel wurde für das Malariamedikament Primaquin beschrieben. Während dieses Malaria-Prophylaktikum bei den meisten Menschen ohne wesentliche Nebenwirkungen wirkt, reagiert eine ganz bestimmte Gruppe von Menschen darauf mit Hämolyse. Es konnte gezeigt werden, dass dies auf das Vorhandensein einer Variante des Enzyms Glucose-6-Phosphat-Hydrogenase zurückzuführen ist. Eine bestimmte Bevölkerungsgruppe hat also eine Variante des Gens für dieses Enzym, und nur Träger dieser Genvariante reagieren derartig auf dieses Medikament. Ich möchte nur noch einmal daran erinnern, dass Mutationen, die über 1% einer Bevölkerung tragen, Polymorphismen genannt werden (siehe Kapitel „Kranke Gene"). Will man solche Auswirkungen vermeiden, bleibt nur, dieses Arzneimittel bei den Trägern dieser Genvariante nicht einzusetzen.

Um ein anderes Beispiel anzuführen, seien Polymorphismen von sogenannten P450 (CYP)-Enzymen genannt. Viele Medikamente werden durch Oxidation mit Hilfe dieser Enzyme verstoffwechselt. So konnte zum Beispiel gezeigt werden, dass Träger bestimmter Varianten (Polymorphismen) von P450-Genen auf bestimmte Herzmedikamente mit fatalen Nebenwirkungen reagieren, während bei Menschen, die nicht Träger dieser Varianten sind, dieselben Medikamente sehr gut und nebenwirkungsfrei wirken.[2]

Es war und ist üblich, den Einsatz von Medikamenten so zu steuern, dass der Arzt, wenn mehrere Medikamente zur Auswahl stehen, einmal eines verschreibt. Zeigt es gegen die Symptome Wirkung, und wird es vom Patienten gut vertragen, so bleibt man dabei. Treten allerdings unerwünschte Nebenwirkungen auf, oder wirkt das Medikament nicht, so wird ein anderes ausprobiert. In immer mehr Fällen können genetische Unterschiede dafür verantwortlich gemacht werden, dass Medikamente verschieden im Körper verarbeitet werden (Pharmakokinetik) beziehungsweise verschiedene Wirkung auf das Erfolgsorgan haben (Pharmakodynamik). Nebenwirkungen, das Auftreten zu starker Effekte, aber auch das Ausbleiben jeglicher Wirkung von Medikamenten kann genetische Ursachen haben. Der Begriff Pharmakogenomik bezieht sich auf die Auswirkungen der Gesamtheit der Gene eines Menschen (eben seines Genoms) auf die Wechselwirkung zwischen Medikament und Organismus. Von Pharmakogenetik spricht man, wenn die Wechselwirkung eines einzelnen Gens mit der Wirkung eines Arzneimittels gemeint ist.[3]

Es liegt natürlich auf der Hand, dass ein gezielter Einsatz von Medikamenten abgestimmt auf die individuellen genetischen Voraussetzungen des Patienten eine Ära viel effizienterer, ökonomischer und vor allem für den Patienten befriedigenderer medikamentöser Therapieansätze einläutet.

SNPs und Chip-Technologie

Jeder Mensch hat mehr oder weniger die gleiche Anzahl an Genen, und doch sind wir so unterschiedlich. Dies liegt daran, dass ungefähr 0,1% der Sequenz der DNA bei zwei nichtverwandten Individuen unterschiedlich sind. Treten einzelne solcher Unterschiede mit einer bestimmten Häufigkeit in einer Bevölkerung auf, so werden sie Polymorphismen genannt. Die kleinsten dieser Polymorphismen betreffen nur eine Base und werden „single nucleotid polymorphisms" (SNPs) genannt – davon haben wir bereits gesprochen. Da es aber Millionen verschiedener solcher SNPs gibt, und jeder Mensch ein ganz bestimmtes individuelles Set verschiedenster SNPs hat, herrscht hohe genetische Individualität (mit Ausnahme zwischen zwei genetisch identischen eineiigen Zwillingen). Bei Trägern von ein, zwei oder mehreren bestimmten Polymorphismen wirkt das eine Medikament, bei Trägern eines, zweier oder mehrerer anderer Polymorphismen ist dieses Medikament aber bei derselben Symptomatik wirkungslos. Auch als Konsequenz der Entschlüsselung des menschlichen Genoms wurden unzählige solcher SNPs beschrieben.[4] Ich denke, es bedarf keinerlei weiterer Ausführungen, wenn ich sage, dass es Sinn macht, in Zukunft darüber nachzudenken, ob es aussagekräftige SNP-Analysen gibt, bevor man das eine oder das andere Medikament verschreibt. Es ist also Ziel dieser Pharmakogenomik, abhängig davon welche Polymorphismen der Patient trägt, ganz individuell und spezifisch das richtige Arzneimittel einzusetzen – also das individuelle Rezept.

Um die Frage beantworten zu können, ob ein Patient nun Träger des einen oder des anderen Musters an SNPs ist, und dadurch einen individuellen Einsatz von Arzneimitteln zu ermöglichen, kommt heute immer öfter die sogenannte Chip-

Technologie zum Einsatz. Die englische Bezeichnung „Microarray analysis“ ist passender dafür, da das weithin im deutschsprachigen Raum verwendete Wort „Chip-Technologie“ eine Ähnlichkeit mit Computerchips suggeriert, die nicht besteht. Diese Technologie ermöglicht es, anhand extrahierter DNA aus nur einer einzigen Blutabnahme viele SNPs gleichzeitig zu untersuchen.[5] So wurden und werden solche Chip-Analysen entwickelt, um gleichzeitig viele verschiedene Polymorphismen, die zum Beispiel bei der Wirkungsweise von Hormonen eine Rolle spielen, analysieren zu können. Wir haben im Kapitel „Gentechnische Verbesserungen?“ davon gesprochen, dass es Ziel sein muss, bei menopausalen Hormonersatztherapien eventuelle Risiken und Nebenwirkungen auszuschalten beziehungsweise zu minimieren. Ein auf der Basis von Ergebnissen aus solchen Gentests individuell abgestimmtes Behandlungskonzept kann eine wertvolle Hilfestellung auf dem Weg zu diesem Ziel darstellen.

Und schon wieder Brustkrebs

Ein bereits in der Praxis eingesetztes Beispiel für den Einsatz von genetischen Analysen zur Optimierung von Medikamentationen kommt aus der Tumortherapie. Ein bestimmter Prozentsatz an Brustkrebstumoren exprimiert das Gen HER2. Bei diesen HER2-positiven Tumoren zeigt der anti-HER2 Antikörper Herceptin therapeutische Wirkung. Bevor man also Herceptin in der Brustkrebstherapie einsetzt, ist es notwendig beziehungsweise sehr empfehlenswert festzustellen, ob das Gen für das HER2-Protein in den Tumorzellen aktiv ist oder nicht. Hierbei geht es demnach nicht darum, genetische Polymorphismen zu bestimmen, sondern festzustellen, ob ein Gen aktiv ist – und nicht darum, eine bestimmte Therapie zu optimieren. Das Konzept ist aber äußerst ähnlich:

Abhängig von bestimmten genetischen Informationen wird ein bestimmtes Medikament eingesetzt.[6]

Eine Datenbank

Am Ende dieses Kapitels beziehungsweise dieses Teils des Buches möchte ich aber noch einmal auf die DNA-Polymorphismen zurückkommen. Wie muss man sich das also für den praktischen medizinischen Alltag der Zukunft vorstellen? Natürlich wird es nicht für alle Medikamente oder Therapiekonzepte eine passende Polymorphismus-Analyse zur Optimierung geben. Aber ohne Zweifel werden sehr viele solcher Gentests zur Verfügung stehen. Im Jahr 2002 wurde von Professor Russ Altman an der Stanford University in den Vereinigten Staaten die erste öffentlich zugängliche Datenbank „about genetic variations in populations and their associations with drug-response phenotypes“ eingerichtet. Die Idee von Professor Altman ist es, weltweit alle Daten über Polymorphismen und ihre Zusammenhänge mit Wirkungen, Nebenwirkungen, Verträglichkeit etc. zu sammeln. Jeder Wissenschaftler sollte seine neuen diesbezüglichen Entdeckungen und damit gemachten Erfahrungen hinzufügen.[7] So soll in relativ kurzer Zeit eine Sammlung entstehen, die es Firmen ermöglicht, maßgeschneiderte Chip-Analysen zu entwickeln. Diese Produkte können dann von bestimmten Labors Ärzten zur individuellen patientengerechten Optimierung des Einsatzes von Medikamenten angeboten werden. Wenn auch sicher nur bei einem bestimmten Anteil, so kann der Arzt in Zukunft für doch viele Arzneimittel durch Gentests herausfinden lassen, ob der zu behandelnde Patient genetische Voraussetzungen für eine entsprechend spezifische und gute Wirkung hat. Welche unglaublich positiven Auswirkungen dies für den Patienten von morgen haben kann, braucht nicht näher erläutert werden. Dass dies auch zweifellos ökonomische Aspekte mit sich bringt, soll im Kapitel „Was können wir uns leisten?“ diskutiert werden. Die Gefahren von Polymorphismus-Analysen betreffend Stigmatisierung und Schubladisierung sollen im gleich folgenden Kapitel „Machen Gentests krank?“ aufgezeigt werden. Und wie unbedingt notwendig eine fachkompetente Beratung der Patienten im Zusammenhang mit solchen Tests ist, wird im Kapitel „Die genetische Beratung“ thematisiert.

Teil 3: Die Auswirkungen

Sehr viele verschiedene negative oder zumindest in bestimmten Punkten strittige Aspekte ergeben sich aus der Anwendung von Gentests. Das soll in diesem Buch auf keinen Fall bestritten, sondern ganz im Gegenteil sollen manche davon exemplarisch vorgestellt werden. Die hier angeführten Beispiele solcher Überlegungen reflektieren allerdings lediglich meine ganz persönlichen Gedanken. Sie sind weder systematisch wissenschaftlich aufgearbeitet noch beinhalten sie irgendwelche Gewichtungen. Dem Leser muss klar sein, dass eine Aufzählung negativer oder zumindest ethisch umstrittener Aspekte der Anwendung von Gentests immer von einer Vielzahl/Unzahl verschiedener Parameter beeinflusst ist. Der Leser ist daher angehalten seine persönliche Liste an der Anderer zu reiben. Es ist ein Leitgedanke dieses Buches, dass die Vorteile der Anwendung von Gentests nur dann genutzt werden können, wenn die Nachteile und negativen Auswirkungen bedacht, reguliert und ausgeschlossen werden. Mit den neuen wissenschaftlichen Entdeckungen auf dem Gebiet der Biomedizin kommen auch ständig neue Aspekte möglicher negativer Konsequenzen ans Tageslicht. Jede entsprechende Aufzählung hätte daher nur temporäre Gültigkeit. Viel sinnvoller als aufzuzählen ist es, anhand von Beispielen klar zu machen, dass die Gedanken stets geschärft werden müssen, um mögliche negative *Auswirkungen* verhindern und Gentests mit der bedingungslos einzufordernden *Umsicht* anwenden zu können.

In den Kapiteln des nun folgenden dritten Teils werden vor allem eventuelle negative Auswirkungen dessen diskutiert werden, was in den vorigen beiden Teilen an Machbarem und Möglichem beschrieben wurde. Es wird daher an vielen Stellen auf die entsprechenden vorigen Unterkapitel verwiesen beziehungsweise in den Anmerkungen der für ein besseres Verständnis notwendige Zusammenhang hergestellt.

Machen Gentests krank?

Ein „positiver" Test

Geht es um das Verständnis von Krankheit, so eröffnen sich vielfach durch Gentests Aspekte, die in solch einer Form bisher nicht zum medizinischen Alltag gehört haben. Ich spreche an dieser Stelle nicht von genetischen Tests zur Abklärung eines klinischen Verdachts oder von solchen, die einen individuellen Einsatz von Arzneimitteln ermöglichen sollen. Ich spreche (zum Beispiel) von den sogenannten prädiktiven Gentests (siehe Teil 1). Wie steht es um das individuelle beziehungsweise allgemeine Verständnis die Ergebnisse von prädiktiven Gentests betreffend? Was, wenn man einer jungen Frau sagt, dass sie Trägerin der familiären Mutation im BRCA1 Gen ist und daher ein sehr hohes Risiko hat, an Brustkrebs zu erkranken?[1] Was, wenn man einem Patienten sagt, dass sein Ergebnis aus dem Gentest für „Arteriosklerose/Herzinfarkt/Schlaganfall" „positiv" ist, und er dementsprechend ein Risikopatient ist?[2] Natürlich ist es unter den richtigen Voraussetzungen sinnvoll, solche Tests anzuwenden. Gerade eben um den Patienten zu ermöglichen, durch Prophylaxe, Adaptierung der Lebensführung etc. diesen genetischen Anlagen entgegenwirken zu können. Was ich ansprechen möchte, ist aber die persönliche beziehungsweise allgemeine Reaktion auf ein „positives" Testergebnis. Der eine interpretiert solch ein Ergebnis wirklich als Chance, etwas dagegen tun zu können. Der andere aber lebt vielleicht ab der Bekanntgabe in Panik. Er interpretiert sich selbst sofort als „genetisch krank". Das „positive" Ergebnis bedeutet nicht, dass der Patient erkranken muss – er hat lediglich ein höheres Risiko als andere. Schon gar nicht aber bedeutet es, dass jemand krank ist. Erinnern wir uns an die große Bedeutung individuellen persönlichen Empfindens bei der Frage, ob etwas eine Krankheit ist oder nicht (siehe Kapitel „Wo beginnt Krankheit?“), so stellt sich die Frage, wie kann man beeinflussen (und soll man das überhaupt?), ob sich jemand nach dem Bekanntwerden eines entsprechenden Gentestergebnisses krank fühlt. Welche psychischen Auswirkungen hat solch ein Ergebnis für den Einzelnen? Oder vielleicht besser gefragt, wie sehr können eben diese Auswirkungen individuell unterschiedlich sein? Und sofort müsste Konsens darüber bestehen, wie wichtig es ist, neben der genetischen und medizinischen Beratung auch eine psychologische Beratung beziehungsweise Betreuung sicher zu stellen. Welcher Natur der Gentest auch ist, und für welchen Zweck oder mit welcher Absicht er auch immer durchgeführt wurde, eine Begleitung der Patienten durch Professionisten verschiedenster Fächer muss – so auch gewünscht – bedingungslos zur Verfügung gestellt werden. Zur Bedeutung der Beratung im Detail kommen wir noch später.

All das erscheint vielleicht noch lösbar und sogar eine spannende und befriedigende Herausforderung für verschiedenste wissenschaftliche Fachrichtungen zu sein, vorausgesetzt der „positive“ Gentest bietet Chancen des Entgegenwirkens. Wie unberechenbar und gefährlich aber sind die Auswirkungen „positiver“ Testergebnisse, wenn nach aktuellem wissenschaftlichen Stand keinerlei Möglichkeiten solch eines Entgegenwirkens, eines Entkommens aus dem genetischen Diktat existieren? Erinnern wir uns in diesem Zusammenhang an Chorea Huntington. Ein „positiver“ Test bedeutet für den Patienten, dass er sich darauf einstellen muss, im 4. bis 5. Lebensjahrzehnt schwere Wesensveränderungen, Psychosen, Demenz und einen schweren körperlichen Verfall durchzumachen. Und es besteht zur Zeit keine Chance zu entkommen, keine Präventivbehandlung, keine Therapie. Es steht natürlich völlig außer Zweifel, dass man niemanden dazu verpflichten kann und darf, sich bei entsprechender familiärer Belastung solch einem Gentest zu unterziehen. Ein uneingeschränktes Recht auf Nichtwissen muss gewährleistet sein. Aber ist es grundsätzlich begrüßenswert, den Test jedem anzubieten, wohlwissend, dass das Ergebnis in so manchen Fällen nicht mehr regulierbare Auswirkungen haben kann? Wer trägt die Verantwortung, wenn jemand der eigentlich noch vollkommen gesund ist, durch solch ein Testergebnis psychisch krank wird – es sich also dabei gewissermaßen um eine krankmachendes Testergebnis handelt? Obwohl ich mir völlig bewusst bin, hier über etwas zu sprechen, wovon ich im eigentlichen wissenschaftlichen Sinn wirklich nichts verstehe, wage ich die Behauptung, dass jemand der erfährt, dass er mit Sicherheit an Chorea Huntington erkranken wird, ab diesem Moment auf jeden Fall irgendwelche Symptome von so etwas wie „Krankheit" hat und auch empfindet – physischer, auf jeden Fall aber psychischer Natur. Es sei an dieser Stelle angemerkt, dass die im Kapitel „Der Nutzen von neuen genetischen Daten" diskutierten Aspekte von Penetranz und Expressivität in diesem Zusammenhang maximal Zeitpunkt und in leichtem Maße Schweregrad, aber nicht die Tatsache, dass jemand erkrankt, beeinflussen können. Entsprechend dem Erbgang von Chorea Huntington haben zum Beispiel Kinder von Betroffenen ein 50%iges Risiko auch die Mutationen zu tragen und zu erkranken. Nur ein kleiner Bruchteil von Menschen, die aufgrund familiärer Anamnesen in Risikogruppen fallen, machen den Gentest.[3]

Die Assoziation

Homosexualität, Intelligenz, Aggressivität ... kaum etwas, bei dem noch nicht darüber nachgedacht wurde, welche Rolle Gene dabei spielen (siehe Kapitel „Gene und Umwelt: äußere und innere Einflüsse“). Ist es genetisch, so kann man nichts machen, so kann man nichts dafür. Ist es nicht genetisch, so ist es anerzogen – aber was kann man dann machen, und was kann man dann dafür? Wie auch immer. Alle solch komplexen Eigenschaften, Merkmale und Verhaltensweisen des Menschen sind durch ein Zusammenwirken von beidem, Genen und Umwelt, gesteuert und daher keinem Gentest wirklich zugänglich. Kein Gentest, heute nicht und auch nicht in Zukunft, kann voraussagen, ob bestimmte Merkmale oder Verhaltensweisen bei einem Menschen auftreten werden oder nicht, da die Umwelteinflüsse nicht beurteilbar sind. Das ist grundsätzlich richtig.

Chip-Technologien ermöglichen es, quasi im Vorbeigehen bei einem Menschen bezüglich Tausender menschlicher Polymorphismen die Frage nach ihrem Vorhandensein zu beantworten. Innerhalb von Stunden können von einem Menschen Polymorphismenmuster unglaublicher Datenkapazität erstellt werden. Es könnte schließlich Ziel sein, solche Daten durch reine Beobachtung in Zusammenhang mit der Wahrscheinlichkeit für das Auftreten eines bestimmten Merkmals zu bringen. Solche Ergebnisse erlauben keinerlei sichere Aussagen in Bezug auf multifaktorielle Merkmale – die Rolle der Umwelt ist eben zu wichtig und zu wenig kalkulierbar. Aber was, wenn Wahrscheinlichkeitsangaben den Interessenten ausreichen? Wie viele Eltern würden bereits vor der Geburt mittels Pränataldiagnostik gerne wissen wollen, ob ihr Kind zu jener Gruppe von Polymorphismusträgern gehört, die eine vielleicht auch nur zweifach erhöhte Wahrscheinlichkeit haben (nur rein statistisch natürlich) einmal homosexuell zu werden/sein? Was würde das für ein Kind bedeuten, wenn es die Eltern nach ausbleibenden Schulerfolgen genetisch testen ließen, und das Ergebnis würde besagen, dass die „genetische Wahrscheinlichkeit" für Lernschwäche geringfügig aber signifikant höher als bei der Normalbevölkerung sei? Die eventuelle positive Konsequenz aus solch einem Gentestergebnis könnte sein, dass die Eltern sich entschließen, dieses Kind ganz besonders zu fördern. Die mögliche negative Konsequenz könnte aber auch sein, dass Eltern zu dem Schluss kommen, in diesem Fall sei es eben genetisch bedingt und durch Förderung wäre da ohnedies nichts zu machen.

Dieter Dölling und Dieter Hermann schreiben dazu in einem äußerst informativen und objektiven Text unter dem Titel „Anlage und Umwelt aus der Sicht der Kriminologie":

Im Hinblick auf mögliche genetisch bedingte Risikofaktoren für delinquentes Verhalten ist darauf hinzuweisen, dass der richtige Weg nicht in Strategien der Ausschließung und Selektion liegt, die in der Vergangenheit gefordert und teilweise praktiziert worden sind, und die in der gegenwärtigen Diskussion über die Möglichkeiten der „Lebenswissenschaften" wieder aktuell werden könnten. Viele Menschen, die Risikofaktoren aufweisen, verhalten sich gleichwohl rechtstreu, und im übrigen können durch fördernde Maßnahmen die Weichen für eine positive Entwicklung gestellt werden, die auch bei ungünstigen Ausgangsbedingungen durchaus möglich ist. Außerdem können Eigenschaften, die sich in einer Beziehung als Risiko darstellen, in einem anderen Zusammenhang eine positive Funktion haben. Angemessene fördernde Interventionen müssen nicht stigmatisierend wirken, denn sie dienen der allgemeinen Chancenverbesserung für die betroffenen Personen. Allein eine auf Förderung und nicht auf Selektion abstellende Betrachtungsweise wird der Würde des Menschen gerecht, die jedem

Menschen unabhängig davon zukommt, mit welchen Eigenschaften er zur Welt kommt.[4]

Mein persönlicher Schluss

Sollen Gentests, die genetische Marker beziehungsweise Polymorphismen untersuchen und Wahrscheinlichkeitsangaben für das Auftreten bestimmter menschlicher Eigenschaften und Merkmale machen, durchgeführt werden? Ich würde diese Frage so beantworten: Es müssten schon sehr überzeugende und klar ausgearbeitete Konzepte vorliegen, die beweisen, dass sich aus den Ergebnissen solcher Tests ausschließlich positive Auswirkungen für den Untersuchten ergeben. Gleichzeitig müsste jegliches Risiko, dass dieselben Ergebnisse auch negative Auswirkungen für den Einzelnen haben könnten, ausgeschlossen werden. Da ich das in diesem Zusammenhang für nicht bewältigbar halte komme ich für mich zu dem Schluss, dass Gentests, die Wahrscheinlichkeitsangaben für das Auftreten bestimmter menschlicher Eigenschaften und Merkmale zum Ziel haben, gesetzlich verboten sein sollten. Und ich brauche für diesen Schluss noch nicht einmal anzudenken, wie inakzeptabel es wäre, feststellen zu müssen (und von wem), ab welchen Wahrscheinlichkeitswerten zum Beispiel für das Auftreten von Lernschwächen oder aggressivem Verhalten der Träger als „krank“ einzustufen wäre.

Genetik und die neuen Normen

Die Ambivalenz der Wissenschaft zeigt in der Medizin aber auch noch ein neues Gesicht. Neben die ambivalenten Wirkungen fragloser Erkenntnis treten, wenn wir den Menschen zum Gegenstand der Wissenschaft machen, immer mehr die problematischen Wirkungen der irrigen Vereinfachungen, der Überschätzungen wissenschaftlicher Teilerfolge. Es gibt in der Medizin neben der naturwissenschaftlichen Kausalanalyse stets die Forderung, den Patienten als Mitmenschen zu verstehen. Das Verstehen gibt reale Aufschlüsse, die der Kausalanalyse, nicht prinzipiell, aber wegen der Kompliziertheit der Vorgänge, versagt bleiben, denn das Verstehen bezieht sich direkt auf den großen, biographischen Zusammenhang, den „Sinn" der zahllosen Regelkreise des Organismus (C. F. von Weizsäcker, 1974).[1]

Was das oben angeführte Zitat von Herrn Professor von Weizsäcker vor nahezu 30 Jahren so eindeutig und nachhaltig anspricht, gilt auch für ein ganz grundlegendes Phänomen, das ich heute in meiner Arbeit als Genetiker oft beobachte. Es handelt sich um die nicht selten anzutreffende Ansicht, oder besser vielleicht gesagt um den Irrglauben, dass Untersuchungen über genetische Anlagen, Gentests, allumfassende Aussagen und Schlüsse über den Menschen in seiner gesamten Komplexität zulassen. Es gibt ein sehr gutes Beispiel dafür, das aus einem Wissenschaftsfeld kommt, auf dem auch meine Arbeitsgruppe seit geraumer Zeit forscht. Was ich anspreche, könnte extrem vereinfacht und ein wenig naiv durch die Beschreibung eines fiktiven Gesprächs zwischen Arzt und Patient auf den Punkt gebracht werden: „Sie wissen nicht, welches Geschlecht Sie sind? Sie wissen nicht, welches Geschlecht Sie gerne sein wollen? Dann machen wir doch einfach eine genetische Untersuchung und dann wissen wir es!" Ich versuche in diesem Kapitel klar zu machen, dass genetische Analysen nicht das Rezept für die Etablierung des Menschen in seiner Gesamtheit betreffender Normen sein können.

Der Intersex-Skandal

Im Mai 2001 zierte das Cover des populärwissenschaftlichen Magazins New Scientist der Titel „Gender – Why two sexes are not enough".[2] In den Vereinigten Staaten bekam das Thema genetische Determination und Sexualität eine bisher noch nicht dagewesene Komponente. Es wurde davon berichtet, dass Patienten Ärzte geklagt haben, weil diese bei ihrer Geburt durch einen operativen Eingriff einen zwischengeschlechtlichen Sexualorganstatus in entweder die weibliche oder die männliche Richtung korrigiert haben. Obwohl die Zahlen stark divergieren, würde wahrscheinlich niemand von uns vermuten, in wie vielen Fällen unmittelbar nach der Geburt operative Korrekturen notwendig sind, um ein Baby von seinen Geschlechtsorganen her eindeutiger der Kategorie „männlich" oder „weiblich" zuordnen zu können. Der angesprochene sogenannte Intersex-Skandal in den Vereinigten Staaten resultierte aus der Situation, dass sich offensichtlich viele auf diese Art korrigierte Menschen in ihrer nun zumindest morphologisch eindeutigeren Zuordnung ein Leben lang unwohl fühlen. Man könnte einerseits daraus schließen, dass es vielleicht bei solchen Fällen besser gewesen wäre, in die Richtung des anderen Geschlecht zu korrigieren. Der zumindest kolportierte eigentliche Ansatz vieler Betroffener war, dass Zwischengeschlechtlichkeit (Intersex) keine Abweichung von der Norm „männlich" oder „weiblich" ist, sondern eine dritte Norm – eben ein drittes Geschlecht. Die Schlussfolgerung daraus ist, dass es besser gewesen wäre, diese Patienten gar nicht zu operieren, sondern alles so zu belassen, wie es von der Natur gegeben war.[3]

Viele Stimmen sind in diesem Zusammenhang laut geworden, die forderten, man möge doch die Genetik entscheiden lassen. Es gibt ja schließlich nur zwei Geschlechter: Zwei X Geschlechtschromosomen bedeutet weiblich, und ein X und ein Y Chromosom männlich. In den oben angesprochenen Fällen sollten Operationen das Ziel verfolgen, den Phänotyp jeweils dem vorliegenden Genotyp anzupassen. Das alles ist aber in Wirklichkeit viel komplexer.

Sexualität

Um Genetik im Zusammenhang mit dem so weiten Begriff Sexualität diskutieren zu können, muss zu allererst einmal gefragt werden, ob es so etwas wie ein sexuelle Identität gibt. Wenn ja, was ist das? Dann erst kann man danach fragen, welchen Einfluss die Gene und welchen die Umwelt zum Beispiel in Form von Erziehung darauf haben.

Man könnte in diesem Zusammenhang vielleicht grob drei Aspekte unterscheiden (ich bin sicher, es wären noch viel mehr, vor allem auch Sub-Unterscheidungen möglich – aber das ist einmal eine Annäherung):[4]

1) Das Benehmen, der Stil des Benehmens:
   Gemeint ist hier die Frage, ob es weiblicheres und männlicheres Benehmen gibt. Diese Frage ist unabhängig von einer eigentlichen Geschlechtszuordnung zu stellen. Es gibt weiblichere und männlichere Frauen und weiblichere und männlichere Männer – so die Theorie.
2) Die sexuelle Orientierung:
   Hierbei ist der Bezug auf das Gegenüber gemeint: Heterosexualität, Homosexualität und Bisexualität.
3) Das tiefe innere Gefühl, das jemand in Bezug auf die Frage hat, ob er/sie männlich/weiblich ist:

Dies muss vor allem unter dem Gesichtspunkt des oben angesprochenen Intersex-Skandals und dem Phänomen der Transsexualität gesehen werden.

Für die Punkte 1) und 2) kristallisiert sich aus Beobachtungen aus Zwillingsstudien sowie auch bereits aus vielen molekularbiologischen Daten heraus, dass zweifellos genetische Komponenten eine große Rolle spielen. Da aber ungeklärte Umweltfaktoren eine ebenso große Bedeutung haben, sind Gentests – wenn überhaupt – nur zum Zwecke relativ aussageloser Wahrscheinlichkeitsangaben möglich. Nach aktuellem Stand der Wissenschaft besteht nicht einmal diese Möglichkeit. Den Aspekt Genetik versus Umwelt im Zusammenhang mit menschlichem Verhalten, vor allem auch in Bezug auf Sexualität, haben wir bereits im Kapitel „Gene und Umwelt: äußere und innere Einflüsse" diskutiert, und es sei an dieser Stelle nur darauf verwiesen.[5]

Worauf ich hier aber eigentlich hinauswollte, ist der Punkt 3). Dieses tiefe innere Gefühl, das ein Mensch in Bezug auf die Frage hat, ob er nun weiblich oder männlich ist, hängt wohl grundsätzlich nur davon ab, ob zwei X-Chromosomen oder ein X- und ein Y-Chromosom vorliegen?

Dazu muss ich von zwei völlig verschieden gelagerten Fällen erzählen: Ein sieben Monate alter Bub wurde bei einer Beschneidung so schwer verletzt, dass die Ärzte den Eltern nahelegten, es wäre besser für den Buben, ihn zu einem Mädchen umzuoperieren und als Mädchen aufzuziehen. Eltern und Ärzte haben entschieden das so zu tun. Hier wurde also ein Bub mit einem X- und einem Y-Chromosom mit durch Operation hergestellten weiblichen äußeren Geschlechtsorganen als Mädchen aufgezogen (Spielzeug, Kleidung, ...). Solch ein Fall bietet die Chance, die Frage zu untersuchen, ob der

Chromosomenstatus nun das innere Gefühl eines Menschen über sein eigenes Geschlecht bestimmt, oder ob die Umwelt, die Erziehung allein dafür verantwortlich sind. In diesem Fall war die Antwort eindeutig. Von Anfang an hat sich dieses „Mädchen" nicht in seiner Haut wohl gefühlt, hat etwa nicht mit Puppen spielen wollen. Während der Pubertät gab sie sich selbst einen Knabennamen und begann, als Knabe zu leben, obwohl sie bisher als Mädchen erzogen worden war. Die Gene haben sich durchgesetzt!

Es wird aber auch von einem Fall berichtet, bei dem ein Bub durch Beschneidung so schwer verletzt wurde, dass auch er zu einem Mädchen umoperiert und groß gezogen wurde. (Ich muss an dieser Stelle erwähnen, dass ich die Begriffe „korrigieren" oder „umoperieren" nicht unter den strengen und klaren medizinischen Prämissen verwende. Für Experten hat dies eine etwas unterschiedliche Bedeutung, worauf ich der Einfachheit halber hier nicht Rücksicht nehme.) Dieses „Mädchen" lebt angeblich heute noch als Frau und interpretiert sich selbst eindeutig als weiblich, obwohl der Chromosomenstatus XY vorliegt. Die Umwelt hat sich durchgesetzt![6]

Nicht zu Unrecht denken Sie gerade – aber das sind doch Einzelfälle. Alle Menschen, die einen Chromosomenstatus XX haben, fühlen und sehen sich selbst als weiblich, und alle Menschen mit XY-Chromosomenstatus als männlich. Sicherlich das stimmt – fast alle.

Transsexualität („The most powerful sex organ is between the ears not between the legs.")

Mit Transsexualität ist gemeint, dass eine Person mit zumindest offensichtlich normaler Geschlechtsentwicklung den inneren, irreversiblen Drang spürt, dem anderen Geschlecht angehören zu wollen. Die Diagnose erfolgt grundsätzlich einmal nach psychiatrischen Kriterien. Hormonbehandlungen und operative Eingriffe ermöglichen den Betroffenen ihrem Ziel, dem anderen Geschlecht anzugehören, möglichst nahe zu kommen. Voraussetzung für diesen Gedanken und solch eine Ermöglichung der Realisierung dieses Wunsches ist die Beobachtung, dass Psychotherapie in vielen Fällen keinerlei Abstandnahme von diesem Wunsch bewirkt. Begriffe wie „Krankheit", „Therapie" und „Heilung" müssen hier mit besonderer Behutsamkeit verwendet werden. Ist Transsexualität eine Krankheit, ist die Umoperation eine therapeutische Maßnahme, die zur Heilung führt? Viele Fragen dieser Art werden diskutiert.[7]

Sie können sich aber bestimmt schon denken, was mich unter den Gesichtspunkten des oben Diskutierten besonders interessiert. Ist dieses Gefühl, dem anderen Geschlecht angehören zu wollen (oder eigentlich anzugehören aber nicht so auszusehen), nun genetisch oder durch Umwelteinflüsse bestimmt? Eine ganz einfach Frage, die man untersuchen kann, ist, ob alle Männer, die aussehen wie Männer und auch männliche Geschlechtsorgane haben, aber Frauen sein wollen, nun XY-Chromosomen oder auch XX-Chromosomen haben. Genau dieselbe Frage stellt sich im umgekehrten Fall bei Frauen, die Männer sein wollen. In einer wissenschaftlichen Studie haben wir in unserem Labor eine größere Anzahl an Patienten beider Konstellationen untersucht. Alle von uns untersuchten Männer, die Frauen werden wollten, hatten XY-Chromosomen und alle Frauen, die Männer werden wollten, hatten XX-Chromosomen.[8] Solche Chromosomenuntersuchungen werden vor allem auch darum empfohlen, da vor einem entsprechenden operativen Eingriff geklärt sein soll, ob nicht doch auch genetische Abweichungen von der Norm vorliegen, was letztlich zu einer differenzierten Beurteilung der Sachlage führen würde. Diese Menschen haben also das tiefe innere Gefühl, ein anderes Geschlecht zu sein, als der Chromosomensatz vermuten lassen würde. Der oben angeführte Punkt 3) scheint gelöst – die Umwelt ist entscheidend. Solch ein Schluss wäre aber nicht nur unwissenschaftlich, sondern sogar fahrlässig. Es sind noch viele andere genetische Ursachen denkbar, die dieses Gefühl steuern und beeinflussen könnten. Die meisten davon sind einer Chromosomenuntersuchung nicht zugänglich. Es müssen molekulargenetische Tests durchgeführt werden, um sie zu beantworten. Eine wenn auch wirklich nur begrenzte Anzahl solcher Tests haben wir in unsere Studie noch inkludiert. Allerdings auch ohne Erfolg. Wir konnten keinerlei genetische Ursachen oder Hinweise für dieses transsexuelle innere Gefühl finden. Unsere Studie kann man allerdings zu einem gewissen Grad mit der Episode des Mannes vergleichen, der in der Nacht seinen Schlüssel unmittelbar unter der Laterne sucht, obwohl er ihn meterweit davon entfernt verloren hat. Als Begründung dafür nennt er die Tatsache, dass da, wo er seinen Schlüssel verloren hat, er ihn ohnedies nicht sehen und daher auch nicht finden könne, weil dort kein Licht sei. Es bestehen (höchstwahrscheinlich) noch unzählige Möglichkeiten für genetische Ursachen im Zusammenhang mit Transsexualität, die wir aber nicht untersuchen können, weil wir sie nicht kennen. Einen Hinweis darauf, dass die Gene vielleicht doch keine Rolle spielen, beinhaltet die Beobachtung, dass Transsexualität nicht innerhalb von Familien gehäuft vorzufinden ist.

Mein persönlicher Schluss

Welchen wie großen Einfluss auch immer Gene beziehungsweise Umwelt spielen, aus den beschriebenen Ergebnissen muss eines geschlossen werden dürfen: Im Fall der eingangs beschriebenen Situation eines vorliegenden zwischengeschlechtlichen Sexualorganstatus, kann die Bestimmung der Geschlechtschromosomen als hilfreich und empfehlenswert eingestuft werden, da sich ja schließlich die meisten Menschen ein Leben lang dem zu den Chromosomen passenden Geschlecht zugehörig fühlen (zumindest gehen wir davon aus). Eine Garantie dafür, dass der entsprechend in eine Richtung operierte Mensch sich ein Leben sozusagen seinen Chromosomen geschlechtlich zugehörig fühlt, kann es nicht geben (siehe Transsexualität). Ob dies allerdings schon bedeutet, dass es besser ist, die zwischengeschlechtliche Situation nicht unmittelbar nach der Geburt zu operieren und diesen Menschen mit dem „dritten Geschlecht" solange leben zu lassen, bis sie selbst entscheiden können, welches Geschlecht sie dann für den Rest ihres Lebens haben möchten, ist wirklich äußerst schwer zu beantworten. Wer garantiert, dass die zwischengeschlechtliche Situation bis dahin nicht schon schwere, irreversible psychische Schäden ausgelöst hat? Ich denke, dass es ein drittes Geschlecht wirklich gibt. Hierbei handelt es sich um Fälle, bei denen zum Beispiel sowohl genetisch männliche als auch weibliche Zellen gefunden werden oder andere genetisch bedingte Syndrome ursächlich sind. In diesen Fällen, besonders aber auch in allen anderen Fällen, ist ein geplanter operativer Eingriff – ob am Kind, für das die Eltern entscheiden müssen, oder am Erwachsenen, der selbst entscheiden kann – mit äußerster Behutsamkeit und medizinischer Genauigkeit auf die stets individuell vorliegende Situation abzustimmen. Dafür benötigt es viel medizinische, genetische und psychologische Sachkenntnis.

Worauf ich in diesem Kapitel aber eigentlich hinauswollte, ist, dass Chromosomenuntersuchungen genauso wie alle im entsprechenden Zusammenhang vielleicht vorgeschlagenen molekularbiologischen Gentests niemals Normen für die Komplexität „Mensch“ schaffen können. Der Arzt kann also noch so oft klar machen, dass jemand nach aktuellem wissenschaftlichem Stand genetisch eindeutig ein Mann sei – wenn die betroffene Person trotzdem das tiefe innere Gefühl hat, eine Frau zu sein beziehungsweise sein zu wollen, so wird jegliches Ergebnis eines Gentests daran mit Sicherheit auch nichts ändern können. Jeder würde Schiffbruch erleiden, der sich das erwartet oder erhofft. Viel wichtiger ist vielleicht sogar noch die Tatsache, dass ein Gentestergebnis niemals dafür missbraucht werden darf einem Menschen diesbezüglich Vorschriften zu machen.

Der Gentest weiß mehr

Das Ergebnis eines Gentests soll beziehungsweise kann also einen Menschen nicht hinsichtlich seines persönlichen, individuellen Empfindens dominieren. Wie groß diesbezügliche Gefahren sind, möchte ich mittels einer Geschichte, die mir widerfahren ist, erläutern. Zu diesem Zweck erzähle ich kurz von unserer wissenschaftlichen Arbeit auf dem Gebiet der genetischen Erkrankung Tuberöse Hirnsklerose und dann von einer Begebenheit auf einem internationalen wissenschaftlichen Kongress.

Tuberöse Hirnsklerose

Die Tuberöse Hirnsklerose ist eine autosomal dominante genetische Erkrankung (siehe auch das Kapitel „Der Nutzen von neuen genetischen Daten"). Es gibt zwei Gene, TSC1 und TSC2, die, wenn sie bestimmte Mutationen tragen, diese Erkrankung verursachen. Mehr als die Hälfte der Mutationen treten spontan bei den Betroffenen auf. Der Rest wird in der Regel von einem Elternteil vererbt. Seit ungefähr 1996 arbeitet meine Forschungsgruppe intensiv an der Aufklärung der Funktion dieser beiden Gene. Was machen die Proteine, die von TSC1 beziehungsweise von TSC2 codiert werden? Es ist meiner Arbeitsgruppe in jahrelanger Arbeit gelungen, einen wichtigen Baustein zur Beantwortung dieser Frage beizutragen. Wir konnten zeigen, dass beide Genprodukte eine wesentliche Rolle bei der Kontrolle der Zellteilung, genauer gesagt des Zellzyklus, spielen. Man muss sich das sehr vereinfacht so vorstellen: Bei Patienten mit Tuberöser Hirnsklerose teilen und vermehren sich Zellen, die sich bei nicht betroffenen Menschen nicht teilen. Dies führt dazu, dass sich an vielen verschiedenen Stellen im Körper der Patienten Geschwüre und Tumore ausbilden.[1] Solche Geschwüre treten immer auch im Gehirn dieser Patienten auf und werden dafür verantwortlich gemacht, dass die Patienten an Autismus, Epilepsie oder geistiger Retardierung leiden. Die Lebenserwartung von Patienten mit diesen Symptomen ist wesentlich herabgesetzt. 2001 wurde der Medizin-Nobelpreis an die drei Forscher Leland Hartwell, Timothy Hunt und Paul Nurse verliehen. Geehrt wurden sie für ihre wissenschaftlichen Arbeiten auf dem Gebiet der Zellzykluskontrolle.[2] Einer dieser drei Nobelpreisträger, Timothy Hunt, hat das Vorwort für ein im Jahr 2002 geschriebenes und jetzt veröffentlichtes Buch unter dem Titel „Progress in Cell Cycle Research – Cell Cycle Regulators as Therapeutic Targets" geschrieben. Wir erhielten die Einladung, das Kapitel über die Zellzykluskontrolle bei Tuberöser Hirnsklerose zu schreiben und darin auch unsere Arbeiten aus den letzten Jahren auf diesem Gebiet zusammenzufassen.[3] Genau diese Forschungsarbeiten bescherten mir bereits 1998 eine Einladung, einen Vortrag am „World Congress on Tuberous Sclerosis" in Göteborg (Schweden) zu halten.

Sie sind krank, sie wissen es nur nicht

Als ich im Oktober von Wien nach Göteborg flog, studierte ich auf der Reise das detaillierte Kongressprogramm. Erst da bemerkte ich etwas, was für mich in dieser Form und in diesem Ausmaß neu war. Das Programm beinhaltete Vorträge einer Reihe der renommiertesten Forscher auf diesem Gebiet, offensichtlich, um die Möglichkeit der Information und des Austausches der neuesten wissenschaftlichen Forschungsergebnisse zu ermöglichen. Das kannte ich bereits von vielen Kongressen. Neu für mich aber war die enorm große Anzahl an Begleitveranstaltungen, Informationsabenden, Diskussionsrunden für Eltern und Familien von Betroffenen. Der Grund dafür wurde mir aber noch im Flugzeug klar. Erst 1997 wurde das zweite der beiden Gene für Tuberöse Hirnsklerose entdeckt und charakterisiert.[4] Also war 1998 das erste Jahr, in dem man einen vollständigen Gentest auf das Vorliegen einer Mutation in den verantwortlichen Genen vornehmen lassen konnte. Kein Wunder, dass Eltern und Familien von Betroffenen unzählige wichtige Fragen in diesem Zusammenhang klären wollten.

„Handelt es sich bei unserem Kind um eine spontane, nur unser Kind betreffende Mutation, oder liegt die Mutation in unserer Familie und besteht daher ein Wiederholungsrisiko bei weiteren Kindern oder bei Kindern von Verwandten?" Diese Frage dominierte den gesamten Kongress. Sie fragen sich vielleicht, warum hier so viel Unklarheit herrschte. Tuberöse Hirnsklerose ist eine dominante Erkrankung, was bedeutet, dass jeder Träger einer Genmutation eigentlich erkranken sollte, und dass 50% seiner Nachkommen wieder erkranken werden. Und ob es nun eine in der Familie liegende vererbte Form ist oder nicht, kann man doch einfach daran feststellen, ob ein Elternteil auch erkrankt ist oder nicht. Was aber auf diesem Kongress so viele Fragen aufwarf, war die Tatsache, dass wissenschaftliche Beobachtungen zeigten, dass dem nicht so war. Hierbei konnte man bereits auf Erfahrungen mit einzelnen Ergebnissen aus Analysen des bereits länger bekannten ersten TSC-Gens zurückgreifen. (Ich will hier keine Verwirrung stiften, aber komischerweise wurde das zuerst entdeckte Gen TSC2 genannt – dafür gibt es rein wissenschaftliche Gründe.) Es zeigte sich, dass Träger von Genmutationen schwer erkrankten, und andere Träger derselben Mutation kaum oder überhaupt keine Symptome aufwiesen. Es stellte sich schnell heraus, dass Tuberöse Sklerose eine Erkrankung darstellt, bei der beide Phänomene, reduzierte Penetranz und variable Expressivität, der Grund für diese Beobachtungen waren. (Für genauere Erklärung dieser beiden Phänomene siehe Kapitel „Der Nutzen von neuen genetischen Daten".) Nun konnte man es also wirklich nicht wissen. Hatten Eltern ein betroffenes Kind, so bestanden in nicht wenigen Fällen zwei Möglichkeiten: 1) Die Genmutation betrifft nur das Kind und ist spontan aufgetreten, oder 2) bei einem der beiden Elternteile hat die Mutation zu nur sehr schwachen, zu keinen oder noch zu keinen Symptomen geführt. Die Tragweite der Möglichkeit, dies durch einen Gentest abklären zu lassen, war enorm, das war allen Beteiligten dieses Kongresses klar.

Wollen wir weitere Kinder bekommen, sind wir dann wieder mit einem 50-prozentigen Risiko konfrontiert, dass es die Symptome aufweist? Besteht bei mir selbst ein Risiko, noch irgendwelche Symptome zu entwickeln? Ein Geschwür im Gehirn könnte ausreichen, um alles, was man bisher unter einem alltäglichem Leben verstand, irreversibel auf den Kopf zu stellen. Noch ein zusätzlicher Aspekt war der der Schuldzuweisung – weniger vom Gegenüber, als vielmehr von einem selbst. Das geistig retardierte oder autistische Kind hat diese Anlage von mir, obwohl ich gesund bin?

Und so kam es, dass ich in einem Gespräch mit einer Mutter erfuhr, dass ihr Mann und Vater ihres Kindes mit schweren Symptomen der Tuberösen Hirnsklerose nicht mit auf diese Veranstaltung kommen konnte, da er gerade unter Aufsicht hospitalisiert ist. Er hatte sich das Leben nehmen wollen, als er erfuhr, dass sein betroffenes Kind diese genetischen Anlagen von ihm geerbt hatte. Diese Mutter erzählte mir, sie glaube nicht, dass es die Angst war, selbst noch Symptome zu entwickeln, sondern vielmehr die Schuldgefühle, die ihn zu diesem Schritt getrieben hatten. Es sei aber soweit jetzt wieder alles in Ordnung, und er werde auch bald wieder entlassen. Kinder werde sie aus dieser Beziehung allerdings keine mehr bekommen, da ihr Gatte die Ärzte gebeten hatte, ihn zu sterilisieren. Sie selbst, so erzählte mir diese Mutter weiter, sei nur auf den Kongress gekommen, damit sie trotz all der großen Vorteile für frühzeitige Förderung und Therapie, die der nun zur Verfügung stehende Gentest bietet, den Menschen auch von all den möglichen anderen Auswirkungen dieses Tests berichten kann.[5]

Mein persönlicher Schluss

Im Flugzeug zurück nach Wien habe ich mir damals ein Modell zurechtgelegt, nach dem ich Eltern für den Fall, dass sie keinen Kinderwunsch mehr haben, empfehlen würde, sich nicht testen zu lassen. Diese Empfehlung würde ich so lange aufrecht halten, solange sich nicht Fälle häufen, bei denen Symptome noch sehr spät aufgetreten sind. Ab dann könnte der Gentest nämlich noch die Funktion der Warnung bekommen sich doch engmaschig entsprechend dem Auftreten von kleinsten Geschwüren untersuchen zu lassen. Solche Empfehlungen konnte man nicht lange aufrecht erhalten.

Es ist natürlich völlig klar, dass die Inanspruchnahme eines solchen Gentests der Entscheidung des Einzelnen obliegt. In diesem Fall kann man weder verbieten noch verpflichten. Ob das allerdings für alle Fälle von Gentests gilt, darauf kommen wir in Folge noch oft zu sprechen. Es sei an dieser Stelle aber schon einmal auf etwas vorgegriffen, was im vierten Teil *Die Umsicht* noch vermehrt und detailliert zur Sprache kommen wird: Die Beratung im Zusammenhang mit Gentests ist tatsächlich wesentlich wichtiger als der Gentest selbst.

Die genetischen Kasten

Die wohl offensichtlichsten und daher auch am häufigsten und unmittelbarsten thematisierten Aspekte von eventuellen negativen Auswirkungen von Gentests werden stets im Bereich der Arbeitsmedizin und im Versicherungswesen lokalisiert. Ich möchte daher gerade diese beiden Aspekte nicht im Detail diskutieren und damit noch einen Tropfen dem Meer des bereits darüber Gesagten hinzufügen. Es seien diese beiden Themen nur oberflächlich berührt, um den Leser daran zu erinnern und mir Gelegenheit zu geben, meine persönlichen Schlüsse darüber als Diskussionsbestandteile anzubieten.

Für die Arbeit „geeignet" oder nicht?

Hierbei geht es ganz klar um gesetzliche Regelungen, die angestrebt werden müssen so sie in einem Land noch nicht vorhanden sind. Gentests im Zusammenhang mit Berufsausübung müssen erlaubt sein. Es muss möglich sein, einerseits zum Schutz des Arbeitnehmers selbst und auch vor allem zum Schutz Dritter in ganz konkreten Einzelfällen solche Tests als Voraussetzung zur Berufsausübung verlangen zu dürfen. Hat ein Pilot eine genetische Erkrankung welcher Art auch immer, so kann unter bestimmten Umständen in bestimmten Fällen eine Gefährdung nicht nur seiner selbst, sondern aller Passagiere gegeben sein. Es kann daher Bedingung sein, für die Ausübung dieses Berufes einen speziellen Gentest durchführen zu müssen.

Hierbei kann man sich eigentlich nur den Worten von Professor Pöltner anschließen:

Eine Genomanalyse im Arbeitsbereich ist ethisch vertretbar, wenn begründete Furcht vor Schädigung des unmittelbar Betroffenen oder Drit-

ter besteht, keine anderen vergleichbaren diagnostischen Möglichkeiten verfügbar sind, sie mit Zustimmung des Betroffenen erfolgt und keine Anwendung über den Anlass hinaus stattfindet. Besonderes Augenmerk kommt der ärztlichen Schweigepflicht und dem Datenschutz zu.[1]

Ich denke, es ist bei Gentests kein Unterschied zu irgendwelchen anderen Nachweisverfahren zu machen, für die genau dasselbe geltend zu machen ist. Ein Pilot sollte nicht unter Einfluss von Alkohol fliegen und sollte auch keinen Gehirntumor haben, der eventuell seine Sinnesfähigkeiten maßgeblich beeinflusst.

Bereits 1995 hat die „Equal Employment Opportunity Commission (EEOC)“ Richtlinien für die Beschränkung des Einsatzes von Gentests bei Einstellungsgesprächen und anderen Bereichen der Arbeitswelt erarbeitet.[2] Es ist also gesetzlich regelbar, was auch in vielen Ländern der Welt durch entsprechende Regulierungen – vielleicht sogar durch ein eigenes Gentechnikgesetz – verwirklicht ist.

Es muss aber gleichzeitig eindeutig Erlaubtes und Verbotenes geben:

Es geht hier um die Feststellung von genetischen Dispositionen, die für bestimmte Berufsfelder von Bedeutung werden könnten, etwa die Veranlagung zur Epilepsie für Piloten oder Busfahrer, größere oder geringere Empfindlichkeit für chemische Stoffe (z.B. Asbest) für eine Reihe von Produktionsanlagen. Aber auch die Anlagen für Herz/Kreislauferkrankungen, für Krebs oder für psychische Erkrankungen könnten einmal – falls man glaubt, ihre genetischen Grundlagen verstanden zu haben – zu Berufsausschlüssen führen. Was im Einzelfall als ethisch erlaubt gelten darf (etwa beim Piloten), wird generell gesehen zum Problem.[3]

Diesen bereits 1996 verfassten Worten ist nach heutigem Stand der Wissenschaft in einem nur noch größeren Ausmaß zuzustimmen. Nach allem, was wir über Polymorphismus-Analysen und sich eventuell daraus ergebenden Wahrscheinlichkeitsangaben betreffend das Auftreten menschlicher Eigenschaften oder Verhaltensweisen bisher gesagt haben, muss klar sein, dass gerade im Arbeitsbereich höchste Vorsicht geboten ist. Um bei dem oben angeführten Beispiel des Piloten zu bleiben: Kann eine nur leicht erhöhte Wahrscheinlichkeit für ein eventuelles Auftreten eines Gehirntumors oder gar für die Anlage einmal ein ganz wenig wahrscheinlicher Alkoholiker zu werden, die durch einen Gentest attestiert wird, als Anlass genommen werden, jemanden vom Pilotenberuf auszuschließen? Vielleicht nicht direkt. Aber sollten sich zwei gleich qualifizierte Anwärter bewerben, und einer würde vom Arbeitgeber völlig unaufgefordert ein Gentestergebnis vorlegen, das ihm bescheinigt, eine sehr niedrige Wahrscheinlichkeit für das Auftreten dieser Phänotypen zu haben, so könnte das die Entscheidung über seine Anstellung begünstigen.

Versicherbar oder nicht?

Im Bereich des Versicherungswesens erscheint der verpflichtende Einsatz von Gentests auf den ersten Blick nur logisch. Schließt man eine Versicherung ab, so muss man heute ja bereits so manche medizinische Frage beantworten. Ob die entsprechende zugrundeliegende Information nun von einem Röntgenbild oder von einem Gentest herstammt, erscheint auf den ersten Blick irrelevant. Denkt man aber wiederum an alle in diesem Buch bereits mehrfach erläuterten Aspekte von Gentests und Wahrscheinlichkeitsangaben betreffend verschiedenste Prädispositionen, und stellt man zusätzlich noch die Möglichkeit in Aussicht, dass für jeden einzelnen, also auch für einen Versicherungskonzern, der Begriff Krankheit ganz individuelle Inhalte haben kann, so scheint hier Tür und

Tor für wahllose Vortests, Siebtests, Reihenuntersuchungen geöffnet. – „Wir verlangen dafür einen Test, weil wir dies für eine Erkrankung halten, und weil wir auch nur über geringfügigst erhöhte statistische Wahrscheinlichkeiten Bescheid wissen wollen." – Noch einmal, diese Tests können keinerlei sichere Aussagen über das Eintreten eines bestimmten Phänotyps machen. Betrachtet man all dies aus der frei marktwirtschaftlichen Perspektive von privaten Versicherungsunternehmen, so wird die Sache nicht weniger ethisch bedenklich, aber schon viel eher vorstellbar. Man muss sich ja schließlich nicht bei diesem Konzern versichern, wenn aber, dann ... Sowohl bei staatlichen als auch bei privaten Versicherungskonzepten müsste man sich dann aber nach dem eigentlichen Sinn einer Versicherung fragen. Am liebsten tue ich das mit den Worten des österreichischen Wissenschaftsjournalisten Roland Schönbauer, der in einem Kommentar unter dem Titel „Gen-Verunsicherung" schreibt:

> *Vielleicht bekommt die [Versicherung durch eine breite Anwendung von Gentests aller Art] ja Kunden ohne Risken. Ob sie dann noch eine Versicherung ist? Ist es nicht deren Wesen, einen Ausgleich zwischen Risken zu schaffen (und als Vewalter nett dabei zu verdienen)? Für den weiteren Wesenswandel: Wie wär's mit einer Erlebensversicherung speziell für den Ruhestand ab 120 Jahren? Oder mit einer Glasbruchversicherung für fensterfreie Gebäude (Garagenbonus)?*[4]

Für die Ausbildung „geeignet" oder nicht?

Ganz in Anlehnung an Professor Plomins Forschungen zur Frage der genetischen Komponenten von Intelligenz[5] stößt mir der etwas polemische Gedanke eines genetischen Numerus Clausus auf. Zulassungsbeschränkungen zu Ausbildungsplätzen – ob in der Schule, in der Lehre oder an der Universität – abgestimmt auf das jeweilige genetische Wahrscheinlichkeitspotential, könnten in so manchen Gehirnen entwickelt werden. Gehört jemand seinem Polymorphismusmuster folgend eher zur Gruppe der technisch Begabten, musisch Begabten, der sportlich Begabten oder der gar nicht Begabten? Gerade menschliche Fähigkeiten auf diesen (aber auch auf allen anderen Gebieten) sind ohne Zweifel genetisch und durch die Umwelt beeinflusst. Aber wer möchte schon bei der Auswahl dessen, was er gerne tut, auf seine genetischen Anlagen allzu sehr Rücksicht nehmen, wo man es ohnedies ungewollt und unbewusst tun muss? Wer will nicht, eigentlich unabhängig von seinem genetischen Rüstzeug, die Welt und vor allem eben auch seine genetischen Anlagen so gut wie möglich in die Knie zwingen, wenn es darum geht, so viel wie möglich bei dem zu erreichen, was einen am meisten fasziniert? Ich hoffe, der Leser ist gerade wieder an das Grundkonzept dieses Buches – Entkommen aus dem genetischen Determinismus – erinnert. Oder besteht sonst nicht auch die Möglichkeit, dass ein Vater, der mit einer Chorea-Huntington-Patientin Kinder hat, seine Kinder auf diese genetische Anlage noch im Kleinkindalter testen lässt, um schließlich nur die Ausbildung jener Kinder zu unterstützen, die später einmal nicht zu frühen Pflegefällen werden könnten – Ressourcensparen also. Dies ist auch einer der vielen Gründe, warum prädiktive Genanalysen bei Minderjährigen nur dann von Eltern veranlasst werden dürfen, wenn wichtige vorbeugende oder therapeutische Maßnahmen bereits vor Erreichen der Volljährigkeit zur Anwendung kommen sollen. In jedem anderen Fall soll das Kind später einmal selbst entscheiden, ob es sich einem Gentest unterziehen möchte oder nicht. Jedes Land sollte entsprechende gesetzliche Regelungen haben.

Die genetische Lotterie wird von vielen als unfair verurteilt, denn sie verdammt manche Menschen zu weniger Intelligenz oder schlechterem Aussehen oder zu vielerlei Arten von Unzulänglichkeit. Doch in einem anderen Sinne ist sie außerordentlich egalitär, da jeder mitspielen muss, ganz gleich, welcher sozialen Schicht, Rasse oder ethnischen Gruppe er angehört. Der Reichste kann durchaus einen Sohn haben, der für nichts zu gebrauchen ist.[6]

Mein persönlicher Schluss

1) Gentests in der Arbeitswelt? Ja, vorausgesetzt die Sinnhaftigkeit ist entsprechend dem aktuellen wissenschaftlichen Stand gesetzlich geregelte Voraussetzung, und jeglicher Missbrauch ist gesetzlich verboten und für den Arbeitnehmer mit Schadensersatzforderungen einklagbar.
2) Gentests im Versicherungswesen? Nein, aber mehr deshalb, da man sonst den eigentlichen Zweck von Versicherungen in Frage stellen müsste.
3) Gentests als Numerus Clausus? Auf keinen Fall befürwortbar.

Die Pharmaindustrie und die Gentechnik

Regiert der Markt die Forschung?

Will ein Biotech-Unternehmen überleben, muss es ganz grundsätzlich gedacht in Forschung und Entwicklung von Produkten investieren, die einen hohen Absatzmarkt haben. Es muss insofern Sinn machen, ein Produkt auf den Markt zu bringen, für den auch ein Marktbedarf existiert. Entweder, es gibt zum Beispiel für eine bestimmte Erkrankung noch überhaupt keine Diagnostika oder Therapeutika, oder das Gebiet ist so groß (sprich es erkranken so viele Patienten daran), dass Platz für viele verschiedene Anbieter ist.[1]

Als große Märkte mit noch deutlichem medizinischem Bedarf werden allgemein genannt: Chronische Lungenerkrankungen (zum Beispiel Asthma), Typ II Diabetes, entzündliche Darmerkrankungen, Übergewicht, degenerative Gehirnerkrankungen und Sexualstörungen (zum Beispiel erektile Dysfunktion). Zu kleineren Märkten mit allerdings auch sehr hohem medizinischem Bedarf werden gezählt: Multiple Sklerose, Krebs, Parkinson und Herzinsuffizienz.[2]

Für seltene genetische Erkrankungen Diagnostika beziehungsweise Therapeutika zu entwickeln, rentiert sich nicht wirklich. Man hat zwar dann vielleicht einen optimalen Gentest für die Diagnostik oder ein gut wirksames Medikament, aber aufgrund der geringen Wahrscheinlichkeit eines Auftretens dieser Erkrankung ist damit kaum Geld zu verdienen. Ein weithin bekanntes Grundkonzept, das aber gerade in jüngster Zeit im Zusammenhang mit der Etablierung neuer Gentests besondere Kapriolen schlägt.

A Non-Disease

Und schon wären wir wieder bei der Frage angelangt „Was ist eine Krankheit?" Diesen grundsätzlichen Aspekt mit all seinen Facetten haben wir bereits im Kapitel „Wo beginnt Krankheit?" eingehend diskutiert. An dieser Stelle möchte ich eine ergänzende Komponente zu diesem Themenspektrum hinzufügen. Die Pharmaindustrie und Biotech-Industrie haben nicht selten Interesse daran, für bestimmte Phänomene, die den Menschen betreffen können, den Begriff Krankheit zu etablieren beziehungsweise strapazieren. Grundsätzlich können zwei Gründe dafür angeführt werden:

1) Angenommen, man stellt in den Forschungslabors und in klinischen Studien fest, dass ein Medikament, das vielleicht sogar gegen etwas ganz anderes entwickelt wurde, bei bestimmten, den Menschen nicht fremden Phänomen Hilfestellung bieten kann. Zu dumm aber auch wenn dieses Phänomen nicht als Krankheit empfunden oder zumindest tituliert ist, denn dann will vielleicht auch niemand ein Medikament dagegen schlucken.
2) Angenommen, man findet einen neuen DNA-Polymorphismus (einen SNP), anhand dessen man (relativ) gute Wahrscheinlichkeitsangaben betreffend das Auftreten eines ganz bestimmten menschlichen Phänomens machen kann. Macht man also einen Gentest zur Beantwortung der Frage, ob der SNP vorliegt oder nicht, so kann man dadurch feststellen, ob jemand zu einer Bevölkerungsgruppe gehört, bei der ein bestimmtes Phänomen wahrscheinlicher auftritt als bei der anderen. Zu dumm aber auch, wenn das vielleicht niemand wissen will, weil dieses Phänomen allgemein nicht als wichtig oder gar als Krankheit eingestuft wird.

Ich habe das Wort „Phänomen" verwendet, um mich nicht bereits am Anfang dieser Diskussion durch meine Wortwahl in das Netz „Krankheit – ja oder nein“ zu verstricken. Es ist noch nicht allzu lange her, da wurde im Englischen der Begriff „Non-disease“ für solche Phänomene etabliert, die, obwohl vielleicht eigentlich keine Krankheit, immer mehr in das Interesse der modernen Medizin – oder sollte man vielleicht eher sagen der modernen Pharmaindustrie – rücken.[3]

Gentest und Medikament bahnen sich einen Weg

Im Kapitel „Gentechnische Verbesserungen?“ haben wir bereits von der in den Vereinigten Staaten hitzig geführten Diskussion über das Aufmerksamkeits-Defizit/Hyperaktivitäts-Syndrom gehört.[4] Handelt es sich hierbei um eine Krankheit oder nicht? Eine bisher nicht erwähnte Komponente dieser Diskussion ist die Tatsache, dass es einen zusätzlichen Interessensschwerpunkt gibt, den der Pharmaindustrie. Es besteht überhaupt kein Zweifel, dass die Konzerne, die das bei diesem Syndrom oft eingesetzte Medikament Ritalin produzieren, großes Interesse daran haben, dass sich hier die Bezeichnung „Krankheit“ durchsetzt. Wird dieses Syndrom weithin als Krankheit eingestuft, so sind Eltern natürlich viel eher bereit, ihren Kinder dieses Medikament zu geben, und es gibt dieses Medikament vielleicht sogar auf Krankenschein. Welche Auswirkungen das auf den Absatz dieses Produktes hat, muss nicht näher erläutert werden.

Und das gilt für eine stetig größer werdende Anzahl von Medikamenten, Arzneimitteln und Produkten, für die erst ein Absatzmarkt geschaffen werden muss. Nicht selten müssen dafür „Phänomene“, von denen uns allen vielleicht bisher noch nicht klar war, dass es sich hierbei um Krankheiten handeln könnte, herhalten. Haarausfall, Jetlag, Schwangerschaft oder das Altern selbst müssen zumindest im weitesten Sinn in den Einflussbereich des Begriffes „Krankheiten“ kommen, um dadurch den Boden für die Bereitschaft zu nähren, dagegen auch Mittelchen zu nehmen.[5]

Was hat das aber mit dem Teil des Buches über die Auswirkungen des Einsatzes von Gentests zu tun? Ganz einfach: Es gibt kaum einen besseren Weg, um eine Bereitschaft gegenüber bestimmten Medikalisierungen zu schüren, als durch den Einsatz von Gentests. Nichts besseres kann einem Pharmakonzern passieren, als einen Gentest anbieten zu können, der Wahrscheinlichkeitsangaben über das eventuelle Eintreten von Phänomenen machen kann, gegen die derselbe Konzern Gegenmittel in die Regale der Drogeriemärkte stellen kann. Ist der Konsument (es gefällt mir besser, hier vom Konsumenten als vom Patienten zu sprechen) dazu auch bereit, so könnte ein Szenario der Zukunft folgendermaßen aussehen: Eine Firma entwickelt einen Gentest, der Wahrscheinlichkeitsangaben darüber macht, ob jemand aufgrund von bestimmten Polymorphismen von Enzymen besonders anfällig für die Auswirkungen von Jetlag ist. Gehört man zu der Bevölkerungsgruppe, die eine etwas höhere Wahrscheinlichkeit hat, schwerer unter solchen Phänomenen zu leiden, so empfiehlt es sich, prophylaktisch das von derselben Firma angebotene Gegenmittel einzunehmen. Vieles mehr ist denkbar und möglich.[6]

Eine weitere Welle der Medikalisierung könnte von der Genomanalyse ausgehen. Ron Zimmern von der Public Health Genetics Unit in Cambridge hält es für möglich, dass die Gentests aus allen Menschen Kranke machen. Wenn man genug Gene analysiere, finde man stets Veränderungen. Doch nur die wenigsten Erbleiden beruhen auf der Veränderung eines Bausteins der Erbsubstanz. Die Zusammenhänge zwischen Gendefekten und Krankheiten seien viel komplexer. Deshalb müssten solche Tests vor der breiten Anwendung sorgfältig auf ihre kli-

nische Bedeutung hin überprüft werden. Ja, man müsse sogar das Konzept der Normalität einer Revision unterziehen, denn genetisch gesehen seien wir alle „abnormal“,

schreibt Rainer Flöhl in der Frankfurter Allgemeinen Zeitung.[7]

Mein persönlicher Schluss

Es fällt mir nicht leicht hier Schlüsse zu ziehen. Es sollen Gentests ja schließlich genau dafür zum Einsatz kommen: um genetischen Anlagen durch Umweltmaßnahmen entgegenwirken zu können. Welche wie auch immer gearteten genetischen Anlagen schließlich als „Krankheit“ betrachtet werden, ist also kaum allgemein zu definieren. Und selbst wenn jemand etwas nicht als Krankheit empfindet, was gibt der Allgemeinheit das Recht, dieser Person zu verbieten, trotzdem diesem Phänomen (Alter, Haarausfall ...) entgegenwirken zu wollen. Natürlich niemand, solange niemand Dritter dadurch Nachteile erfährt.

Einer der wichtigsten Punkte, die ich in diesem Buch herausarbeiten möchte, ist, dass alles unternommen werden muss, um zu verhindern, dass Gentestergebnisse zur Diskriminierung Einzelner oder eben bestimmter Bevölkerungsgruppen führen können.

Im speziellen oben angeführten Fall muss zusätzlich sicher gestellt werden, dass der Patient/Konsument nicht von der Pharmaindustrie falsch oder ungenau informiert wird. Die Sicherheit, Relevanz und Aussagekraft jedes Gentests muss durch ein entsprechendes staatliches Prüfungsverfahren evaluiert werden. Es sollte dafür Gesetze geben oder unverzüglich erarbeitet werden. Dies ist mit Sicherheit vor allem deshalb gut realisierbar, weil dies ja für alle Produkte aus der Pharmaindustrie gilt und eben nicht nur für Gentests. Dass der Konsument heute bereits großteils beeinflusst oder mehr noch von den Interessen der Pharmaindustrie gelenkt wird, ist ebenso ein Phänomen, das auch ohne Gentests seine volle Wirkung bereits entfaltet. Einhalt kann letztlich nur eines bieten – die Mündigkeit des Patienten/Konsumenten. Die Wissenschaft und die Medien gemeinsam können und müssen aber zweifellos durch objektive Informationsgestaltung einen wertvollen Beitrag dazu leisten. Schließlich ist es andererseits ja die Pharmaindustrie, die mit ihren Produkten den Menschen eine wichtige Chance bietet, positiven Einfluss auf die Erhaltung ihrer Gesundheit auszuüben und eben auch einem genetischen Determinismus zu entkommen.

Was darf man selbst bestimmen?

Der Programmplaner verfügt einseitig, ohne begründete Konsensunterstellung, über genetische Anlagen eines anderen in der paternalistischen Absicht, für den Abhängigen lebensgeschichtlich relevante Weichen zu stellen. Die Absicht kann von diesem interpretiert, aber nicht revidiert oder ungeschehen gemacht werden. Irreversibel sind die Folgen, weil sich die paternalistische Absicht in einem entwaffnenden genetischen Programm niederschlägt und nicht in einer kommunikativ vermittelten sozialisatorischen Praxis, die vom „Zögling" aufgearbeitet werden kann.

Nur im negativen Fall der Vermeidung extremer und hochgeneralisierter Übel bestehen gute Gründe für die Annahme, dass der Betroffene der eugenischen Zielsetzung zustimmen würde (J. Habermas, 2001).[1]

Der besondere Patient

Thematisiert man mögliche negative Auswirkungen von Gentests, so begegnet man unweigerlich einem ausgesprochen polarisierenden Bereich: Darf jemand für jemand Anderen die Entscheidung pro und contra Gentest fällen? Und wenn ja – welche Tests wären in diesem Zusammenhang denkbar? Dieser Bereich umfasst im Wesentlichen die Präimplantationsdiagnostik, die Pränataldiagnostik und schließlich auch die Diagnostik an Minderjährigen. In den ersten beiden Fällen ganz sicher und im dritten Fall nicht selten kann der Betroffene selbst seine Meinung darüber, ob ein Gentest bei ihm gemacht werden soll oder nicht, nicht einbringen. Dass das unzählige ethische Fragen aufwirft, liegt, so wie ich denke, für jedermann auf der Hand. Viele dieser Fragen wurden bereits von verschiedensten Autoren detailliert beschreiben und diskutiert und sollen hier nicht noch einmal in all ihrem Umfang Thema sein.[2]

Ich möchte an dieser Stelle einen neuen Aspekt, der sich aus den aktuellen Ergebnissen der Genomforschung ergeben kann, in diese Diskussion einbringen. Was könnten Wahrscheinlichkeitsangaben aus Polymorphismus-Gentests gepaart mit einem vollständig liberalen Verständnis der Begriffe „Krankheit“ oder „Behinderung“ für Konsequenzen für diesen medizinischen Fragenkomplex haben? Den Einstieg dazu möchte ich in diesem Kapitel mit einem Beispiel machen. Zu allgemeineren Überlegungen komme ich dann im nächsten Kapitel.

Meine Wünsche – deine Wünsche!

Diese Frage beschäftigt mich schon längere Zeit. Ganz besonders in mein Augenmerk ist sie allerdings durch ein konkretes Beispiel gerückt, das auf den ersten Blick eigentlich nichts mit Gentests zu tun hat.[3] Gehörlosigkeit hat eindeutig genetische Komponenten. Sie sind aber noch nicht aufgeklärt, und es existiert daher auch kein aussagekräftiger, sicherer Gentest. Es ist aber bekannt, dass bei zwei gehörlosen Eltern, obwohl sie auch hörende Kinder bekommen können, eine hohe Wahrscheinlichkeit besteht, wieder gehörlose Kinder zu bekommen. Lesbische Paare gehören in den Vereinigten Staaten zu den Hauptklienten von Samenbanken. An dem Fall, von dem ich berichten möchte, ist lediglich neu, dass ein lesbisches gehörloses Paar unbedingt den Samen eines Gehörlosen zum Zwecke der künstlichen Befruchtung erstehen wollte. Ziel war es, dadurch die Wahrscheinlichkeit, wieder gehörlose Kinder zu bekommen, möglichst hoch zu halten!

Dieses Vorgehen resultiert aus einem bereits länger bekannten Phänomen: Gehörlose sehen nicht selten in ihrer Gehörlosigkeit nicht eine Behinderung, sondern den Ausdruck einer kulturellen Identität. Umfragen unter Gehörlosen in den Vereinigten Staaten haben ergeben, dass sich ungefähr ein Viertel der Befragten gehörlosen Nachwuchs wünscht. Gründe dafür reichen von pragmatischen, wie der besseren Möglichkeit mit dem Kind kommunizieren zu können, bis zu ideologischen, wie der Stolz auf ihr Anderssein und ihre Kultur. Wir haben das ja bereits mehrfach in diesem Buch thematisiert: Was für den einen eine Krankheit, eine Behinderung ist, stellt für den anderen möglicherweise einen wichtigen Anteil von Lebensstil und Kultur dar.[4]

Was das mit der in diesem Buch geführten Diskussion um Gentests zu tun hat, ist in zweierlei Hinsicht naheliegend:

1) Wie lange braucht es noch, bis ein Gentest angeboten wird, von dem kolportiert wird, dass er zumindest Wahrscheinlichkeitsangaben betreffend Gehörlosigkeit machen kann? Und wie lange würde es wohl in diesem Fall dauern, bis der erste Fall des Einsatzes solch eines Tests in der Pränataldiagnostik oder vielleicht gar in der Präimplantationsdiagnostik bekannt werden könnte?
2) Es ist heute möglich, durch selektive Samenwahl die Wahrscheinlichkeit auf ein Kind, das eine von den Eltern so verehrte Behinderung trägt, zu erhöhen. Wie lange wird es dauern, bis Gentests, die die Wahrscheinlichkeiten für ähnliche Behinderungen voraussagen, am ungeborenen menschlichen Leben zum Einsatz kommen?

Meine Wünsche – wirklich deine Wünsche?

Ich denke, die entscheidende Frage ist hierbei, inwieweit man davon ausgehen kann, dass das angestrebte Ziel auch den Wünschen der Nachkommen selbst entspricht. Der deutsche Philosoph Jürgen Habermas geht davon aus, dass man nur im Fall der Vermeidung extremer und hochgeneralisierter Übel annehmen könnte, dass es den Wünschen der Betroffenen entspricht (siehe Zitat am Eingang dieses Kapitels). Es hilft in diesem Fall bestimmt, sich auf eine Unterscheidung zwischen gentechnischen Maßnahmen, die medizinisch angebracht sind, und Maßnahmen, die auf keiner medizinischen Indikation beruhen, also weder der Vorbeugung noch der Heilung von Krankheiten dienen,[5] zu besinnen. Dieses Besinnen gekoppelt mit dem Aspekt, dass es sich in diesem Fall nicht um einen selbst, sondern um einen ungefragten Dritten handelt, fordert äußersten Rechtfertigungsbedarf. Natürlich rutscht man unweigerlich in die Diskussion um die Frage, ob es sich nun verallgemeinert gesehen bei Gehörlosigkeit um eine Krankheit/Behinderung oder eben um Kultur/Lebensstil handelt. Gehörlosigkeit ist eine offensichtliche Fehlfunktion des menschlichen Körpers, und vielleicht ergibt sich das angesprochene elitäre Gefühl doch ausschließlich aus einer Bewältigungssituation heraus. Kann man aber davon ausgehen, dass die Bewältigung – oder besser das Leben mit – dieser Fehlfunktion auch bei den Nachkommen dieses besondere Gefühl auslöst? Oder handelt es sich hier nicht eigentlich ausschließlich um die Verwirklichung elterlicher Wünsche, die sogar von der Idee des Erhaltens des Bestandes einer Schicksalsgemeinschaft getrieben sein könnte? Bei einem Kind, das zumindest soweit beurteilbar ohne medizinische Indikation ausschließlich nach den Wünschen der Eltern mit diesem Schicksal belegt ist, scheint es sich um instrumentalisiertes menschliches Leben zu handeln.[6] Ein Aspekt, der von Immanuel Kants kategorischem Imperativ berührt ist, wonach man ein anderes vernünftiges Wesen niemals bloß als Mittel, sondern jederzeit sogleich als Zweck an sich selbst behandeln sollte.

Mein persönlicher Schluss

Zur Zeit fällt es nicht schwer, in dieser Frage aus der Sicht des Genetikers zu einem Schluss zu kommen. Es gibt keinen Gentest, der in der Lage ist, Wahrscheinlichkeitsaussagen dieser oder ähnlicher Art zu machen. Ich gehe aber noch weiter, wenn ich sage, dass, selbst wenn einmal so ein Test zur Verfügung stehen würde, ich eher für ein Verbot seiner Anwendung plädieren würde. Da es sich dann ja wieder nur um Wahrscheinlichkeitsangaben handeln würde, wäre es nicht unwahrscheinlich, dass die Anwendung solch eines Tests mehr Probleme schaffen als lösen könnte.

Um bei dem oben beschriebenen Beispiel zu bleiben: Sollte allerdings jemals ein Gentest zur Verfügung stehen, der hundertprozentige Aussagen über die Frage „Gehörlos – ja oder nein?“ machen könnte, so denke ich, stünde man weniger vor einem genetischen als vielmehr vor einem grundsätzlichen medizinischen und sozialen Problem. Nämlich eben dem der Definitionen von „Krankheit“ oder „Behinderung“. Für mich persönlich steht auf jeden Fall fest, dass ich verhindern möchte, dass es einmal möglich sein könnte, nach Pränataldiagnostik einen Schwangerschaftsabbruch eines bezüglich dieses Aspekts gesunden (hörenden) Kindes durchführen zu lassen, weil man ja eigentlich lieber ein gehörloses Kind hätte.

Die Selektion – vom Flirt zur Präimplantationsdiagnostik

An der Bar

In einem Interview zum Thema „reproduktives Klonen des Menschen“ (also mit dem Ziel, einen Menschen zur Welt kommen zu lassen, der genetisch identisch – vielleicht mit Ausnahme des mitochondrialen Genoms – mit einem Menschen ist, der bereits lebt oder einmal gelebt hat) begründet der Direktor des Freiburger Max-Planck-Instituts für Immunbiologie Professor Davor Solter seine ablehnende Haltung mit den noch bestehenden technischen Problemen. Er räumt allerdings ein:

> *Wenn man einen Weg findet, reproduktives Klonen so sicher zu machen wie die bisherigen Formen der Fortpflanzung, hätte ich keine Probleme damit. Es hätte keinen Einfluss auf die Gesellschaft und würde sicher auch nur von wenigen Menschen genutzt.*

Auf die Frage, ob sich dadurch nicht ein radikaler Paradigmenwechsel unserer Kultur vollziehen würde, weil ein Individuum seine genetische Ausstattung nicht mehr einem Zufallsprozess verdanken würde, antwortet er weiter:

> *Was machen Sie denn bislang bei der Wahl Ihres Partners? Sie suchen ihn aus! Nach Ihren eigenen Kriterien, oder? Ich halte den Einfluss, den die Menschen dadurch auf die genetische Ausstattung ihrer Kinder nehmen, für mindestens so groß, wie das beim Klonen der Fall wäre.*[1]

Ob man nun Professor Solters Ansichten über das Klonen teilt oder nicht, es ist nachvollziehbar, dass viele Wissenschaftler nicht verstehen, warum der Begriff „Selektion“ heute in den Köpfen der Menschen so überwiegend negativ behaftet ist.

Die drei essentiellen Eigenschaften, die jedem uns bisher bekannten belebten System zugrunde liegen, sind:

- *Selbstreproduktion: Ohne sie ginge die Information nach jeder Generation wieder verloren.*
- *Mutagenese: Ohne sie wäre die Information nicht abwandelbar und somit gar nicht erst entstanden.*
- *Metabolismus: Ohne diesen würde das System in den Gleichgewichtszustand „abfallen", in dem keine Veränderung mehr möglich ist (wie E. Schrödinger bereits richtig diagnostizierte[2]).*

Ein System, das diese Eigenschaften aufweist, ist zur Selektion prädestiniert. Das bedeutet, Selektion ist keine zusätzliche, von außen her zu aktivierende Komponente. Zu fragen, wer selektioniert, wäre sinnlos. Selektion ist eine inhärente, also dem System innewohnende, Form der Selbstorganisation und als solche eine direkte – wie wir heute wissen – (physikalische) Konsequenz von mutagener Selbstreproduktion, fernab vom Gleichgewicht. Equilibrierung würde lediglich die stabilste Struktur auslesen. Selektion – eine zum Gleichgewicht alternative und mit diesem nicht kompatible Kategorie – wählt eine hinreichend stabile Struktur aus, die an bestimmte Funktionen, die Selbsterhaltung und Wachstum gewährleisten, optimal angepasst ist. Evolution auf der Grundlage natürlicher Selektion bedeutet: Erzeugung von Information (M. Eigen, 1997).[3]

Die Selektion war eine Säule des Prozesses der Entstehung des Menschen während der Evolution. Ohne die letztlich positive Wirkung von Selektion zu verstehen, wäre Charles Darwin nicht in der Lage gewesen, seine Evolutionstheorie zu konzeptionieren.[4]

Dass der Begriff „Selektion" heute vielfach einen überwiegend negativen Stellenwert besitzt, stammt wahrscheinlich zu einem wesentlichen Teil auch aus den vielschichtigen Diskussionen um Pränatal- und in jüngerer Zeit Präimplantationsdiagnostik.

Pränataldiagnostik und Präimplantationsdiagnostik

Im Kapitel „Von der Therapie zur Prophylaxe“ haben wir bereits den so wertvollen Aspekt der genetischen Pränataldiagnostik zum Zweck der gezielten Therapie am noch ungeborenen Menschen kennengelernt. Auf dem Gebiet der molekularen pränatalen Diagnostik und Therapie wird nahezu im Minutentakt von verschiedensten neuen Fortschritten und Entwicklungen berichtet.[5] Die Pränatalmedizin hat aber in den letzten Jahren auch in anderen Bereichen vielversprechende Neuentwicklungen hervorgebracht, wobei die intrauterine Operation als Beispiel zu nennen wäre.[6] Aber schon vor diesen aktuellen Fortschritten der modernsten Medizin war die positive Bedeutung der Pränatalmedizin unumstritten, wie dieser Text aus dem Jahr 1998 zeigt:

> *Pränatale Diagnostik und pränatale Medizin haben einen hohen und positiven Stellenwert in der Medizin und in der Gesellschaft erhalten. Die pränatale Diagnostik entlastet die schwangere Mutter in ihren Befürchtungen vor kindlichen Schäden in hoher Überzahl, lässt in Einzelfällen heute bereits intrauterine Therapie (Bluttransfusion, Harnableitung, Medikamentengabe, etc.) zu und lässt vor allem in vielen Fällen eine unmittelbar postpartal notwendige Therapie (Neuro- und Kinderchirurgie) vorbereiten, koordinieren und auch entsprechend das geburtshilfliche Management leiten. Vor allem aber hat sich die Pränataldiagnostik insofern auch in nicht wenigen Fällen zu einer Methode der Lebenserhaltung entwickelt. Durch die Möglichkeit des sicheren und direkten Nachweises schwerster Erkrankungen entwickeln Patienten immer seltener ein Abbruchbegehren aus bloßer anamnestischer Angst.*[7]

Der Zündstoff der Pränatalmedizin liegt in einem Phänomen, auf das wir im nächsten Teil im Zusammenhang mit Gentests noch öfter zu sprechen kommen werden, das an dieser Stelle aber in Bezug auf alle Arten pränataler Diagnosen (Ultraschall, biochemische Tests, genetische Untersuchungen...) angesprochen ist: die Schere zwischen dem, was man diagnostizieren kann, und dem, wo man wirkungsvolle therapeutische Hilfestellungen anbieten kann. Steht nach aktuellem Stand der Wissenschaft für eine pränatal diagnostizierte Erkrankung/Fehlbildung keinerlei wirkungsvolles Therapiekonzept zur Verfügung, so besteht, natürlich abhängig vom Schweregrad dieser Erkrankung/Fehlbildung und von den nationalen gesetzlichen Vorgaben, in bestimmten Fällen die Möglichkeit, der Mutter/den Eltern einen Abbruch der Schwangerschaft in Aussicht zu stellen.

Der Chef der Abteilung für Pränatale Diagnostik und Therapie an der Universitätsklinik für Frauenheilkunde in Wien, an der ich tätig bin, hat dazu treffend formuliert:

> *Gerade dabei müssen wir uns bewusst werden, dass wir als Pränataldiagnostiker beziehungsweise Geburtshelfer nicht nur für das Wohl des Feten, sondern auch für das der Mutter beziehungsweise der Eltern verantwortlich sind.*[8]

Ich möchte an dieser Stelle vermeiden, mich in die verbreitete und ausreichend polarisierte Diskussion um die Legalisierung des Schwangerschaftsabbruches zu vertiefen. Ich möchte auf das Grundthema dieses Buches fokussieren: den Einsatz von Gentests mit dem Ziel Prophylaxen, Therapien, etc. anwenden zu können (oder neue Anwendungskonzepte entwickeln zu können), um einem genetischen Determinismus von „kranken Genen" zu entkommen. Wir haben bereits besprochen, dass so ein wirkungsvolles Konzept zur Verfügung steht und es gerade im Bereich der Pränatalmedizin besondere Eleganz hat: Hierbei besteht die Möglichkeit, durch Genmutationen verursachte Schäden, die bei der Geburt bereits irreversibel wären, noch vor ihrem Eintreten bereits pränatal zu therapieren (siehe das Kapitel „Von der Therapie zur Prophylaxe"). Auch im Bereich der pränatalen genetischen Diagnostik gilt was im Allgemeinen bereits ausführlich erläutert wurde: Um Krankheiten zu verstehen, genauso wie um neue Therapiekonzepte entwickeln zu können, müssen Gentests zur Anwendung kommen. Der Schwangerschaftsabbruch nach „positivem" Gentestergebnis genauso wie die Präimplantationsdiagnostik kann (und wird von mir auch) dieser Grundthese folgend nur als Zwischenstatus gesehen werden, der sich konsequenterweise nach Entwicklung eines wirkungsvollen Therapiekonzeptes, ob pränatal oder postnatal, in Luft auflöst.

Die oben angesprochene „Schere" im Zusammenhang mit schweren Erkrankungsbildern im Kopf stellt sich ein Genetiker, der im Bereich der Pränatalmedizin tätig ist, heute oft die Frage, ob es Voraussetzungen gibt, unter denen vielleicht die Präimplantationsdiagnostik einer Pränataldiagnostik mit Schwangerschaftsabbruch vorzuziehen wäre. Im Zuge der Präimplantationsdiagnostik (PID) wird einem über künstliche Befruchtung erzeugten Embryo eine Zelle entnommen und auf bestimmte genetische Krankheiten untersucht. Ziel dieser Technologie ist es, der Frau nur jene Embryonen einzusetzen, die nicht Träger der untersuchten Krankheit sind. Diese Technik ist bereits über 10 Jahre alt, und es wurden vielleicht bereits um die 1000 Kinder nach Präimplantationsdiagnostik geboren. Das Spektrum des Testbaren umfasst heute bestimmte Chromosomenstörungen und vielleicht um die 50 verschiedene monogene Erkrankungen.[9] Der Preis ist in vielerlei Hinsicht sehr hoch. Was geschieht mit den Embryonen, die nicht eingesetzt werden? Man stößt hier automatisch wieder auf die Problematik, die bereits im Zusammenhang mit der künstlichen Befruchtung thematisiert wurde und wird, wo es auch (was grundsätzlich vermieden werden soll) unter besonderen Umständen zu einem „Übrigbleiben" von Embryonen kommen kann. Was mit solchen Embryonen geschehen soll, die nicht mehr eingesetzt werden, ist in jedem Land, in dem die In-vitro-Fertilisation gesetzlich erlaubt ist, auch gesetzlich geregelt. Zusätzlich handelt es sich bei der Präimplantationsdiagnostik gewissermaßen und im weitesten Sinn um ein Verfahren, für das der Begriff „künstliche Selektion" zur Anwendung kommen kann. Präimplantationsdiagnostik ist in sehr vielen Ländern gesetzlich erlaubt oder kommt zur Anwendung, da keinerlei Gesetzte existieren, die ein Verbot vorschreiben würden. In Österreich und Deutschland ist diese Technologie verboten.[10]

Mein persönlicher Schluss

Gentests im Zusammenhang mit Präimplantationsdiagnostik:

Wenn auch einerseits alle Kriterien wie Qualitätssicherung, Beratung und vieles mehr bei Gentests im Kontext der Präimplantationsdiagnostik gleich zu sehen sind wie bei Gentests generell, so gilt es doch wahrscheinlich für jedermann nachvollziehbar, hierauf besonderes Augenmerk zu legen. Sollte jemals der hypothetische Fall eintreten, dass wirklich ein sicherer Gentest auf Gehörlosigkeit entwickelt würde, wie kann man dann verhindern (wenn man das, so wie ich, will), dass unter den im vorigen Kapitel diskutierten Voraussetzungen jemand durch Präimplantationsdiagnostik speziell gehörlose Embryonen auswählen kann? Wie verhindert man, dass Präimplantationsdiagnostik missbraucht werden könnte, anderen elterlichen Wünschen bei ihren Nachkommen (ohne gegebenen medizinischen Zusammenhang) nachzukommen (Geschlechterwahl ...)? Ich weiß, dass es sich hierbei um ein kaum überschaubares Diskussionspektrum handelt, das sich von „freier individueller Entscheidung versus staatlichen Vorschriften“ über „Instrumentalisierung menschlichen Lebens“ bis hin zu dem „legitimen Streben nach Leidvermeidung im weitesten Sinn“ erstreckt. Das in den Ländern, in denen Präimplantationsdiagnostik gesetzlich erlaubt ist, einer Regelung zuzuführen, ist sicher machbar, aber vielleicht schwierig und in Zukunft nur mit unzähligen Gesetzesergänzungen zu bewerkstelligen.

Ich sehe eigentlich in Ländern wie Deutschland und Österreich, die zur Zeit noch ein gesetzliches Verbot haben, eine Chance, einen anderen Weg zu gehen, von dem ich eigentlich nicht überzeugt bin, dass er steiniger ist. Man könnte das Verbot aufrecht erhalten und in Einzelfällen die Möglichkeit einräumen, dass Eltern gemeinsam mit ihren Ärzten, Genetikern oder Psychologen ein entsprechendes Ansinnen vor einer Kommission (aus Ärzten, Genetikern, Ethikern, etc. ...) vortragen können. So könnte eventuell die heute nicht selten beobachtbare Praxis der „Schwangerschaft auf Probe“ vermieden werden: Eltern mit einen hohen Risiko für genetisch kranke Kinder nehmen eine Schwangerschaft in Kauf mit dem Ansinnen auf ein „positives“ Gentestergebnis im Zuge einer Pränataldiagnostik ab der 10./11. Schwangerschaftswoche einen Schwangerschaftsabbruch vornehmen zu lassen. Wie viele „Versuche“ benötigt werden und vor allem aus medizinischen und psychischen Gesichtspunkten der Mutter zuzumuten sind, bis ein gesundes Kind zur Welt kommt, hängt vom individuellen Fall ab.

Die Kommission könnte vielleicht in Einzelfällen Ausnahmegenehmigungen gewähren und dabei immer am aktuellsten Stand der Wissenschaft verschiedenste Aspekte berücksichtigen, wovon zum Beispiel zu nennen wären:

1) die Wahrscheinlichkeit für das Auftreten der Erkrankung bei den Nachkommen
2) die Frage, ob ein sicherer, aussagekräftiger Gentest dafür exisitiert (Wahrscheinlichkeitsangaben sind hier mit Sicherheit nicht akzeptabel)
3) die Entwicklungen auf dem Gebiet der Therapie (entsprechend dem oben angeführten Konzept: Präimplantationsdiagnostik nur solange für die Erkrankungen keinerlei kausale Therapie existiert)
4) der Schweregrad der Erkrankung selbst

Entscheidungen dieser Art sind aus medizinischer und ethischer Sicht natürlich ganz ohne Zweifel sehr schwer zu fällen. Ich glaube aber, dass man sich dieser Aufgabe stellen sollte – weil es bei einer generellen gesetzlichen Erlaubnis der Präimplantationsdiagnostik vielleicht viel schwieriger werden könnte, das unbedingt notwendige hohe Maß an *Umsicht* zu gewährleisten. Es ist mir natürlich klar, dass die juristischen Voraussetzungen für solche kommissionellen Ausnahmegenehmigungen auch erst unter erheblichem Aufwand geschaffen werden müssten.

Gentests im Zusammenhang mit Pränataldiagnostik:

Es gibt viele Gründe, warum Gentests in der Pränataldiagnostik zur Anwendung kommen sollten (Voraussetzung für therapeutische Maßnahmen, etc.). Im Zusammenhang mit der möglichen Konsequenz eines Schwangerschaftsabbruches nach pränatalem Gentest gilt im Großen und Ganzen das Gleiche, wie oben für die Präimplantationsdiagnostik erläutert. Es kann sich auch hier nur um eine, für viele Menschen inakzeptable, für andere aber in Kauf zu nehmende, Zwischensituation handeln, solange bis therapeutische Konzepte entwickelt werden konnten. Man sollte aber auch nicht verleugnen, dass für so manche genetische Erkrankungen diese Zwischenlösung noch von langer Dauer sein könnte, da therapeutische Konzepte zur Zeit noch überhaupt nicht in Sicht sind. Es wäre aber sicher falsch, daraus den Schluss zu ziehen, Gentests generell nicht zur Anwendung kommen zu lassen – eben genau der gegenteilige Fall ist notwendig. Den Schwangerschaftsabbruch als inakzeptable Zwischenlösung anzusehen, ist und muss natürlich auch weiterhin immer der individuellen Entscheidung vorbehalten bleiben. Es wäre meiner Meinung nach auf jeden Fall vollkommen falsch und inakzeptabel, die Tatsache, dass Schwangerschaftsabbruch nach Pränataldiagnostik in vielen Ländern gesetzlich erlaubt ist, so zu interpretieren, dass nicht die gleichen ethischen und medizinischen Kriterien hierbei eine Rolle spielen müssen, wie sie oben für eine gesetzlich verbotene aber vielleicht in Ausnahmefällen erlaubte Präimplantationsdiagnostik erläutert wurden.

A decisive ethical criterion for permitting gene analysis is whether and to what extent it is done in the interests of the affected person, their relatives, and, in the case of prenatal diagnosis, the foetus. Hence the issue should be to what extent prenatal diagnosis opens up therapeutic possibilities. However, in the context of ethics, the termination of a pregnancy should be justified only on the basis of the mother's level of conflict but not on the basis of the supposed interest of the embryo (U. Körtner, 2001).[11]

Teil 4: Die Umsicht

In Teil 3 *Die Auswirkungen* habe ich durch exemplarische Aufzählung von Aspekten, die mich persönlich sehr bewegen, versucht, zu sensibilisieren, den Boden für weitere Einfälle und Diskussionen zu nähren. Es ist dem aufmerksamen Leser aber natürlich nicht entgangen, dass ich am Ende jedes Kapitels meine ganz persönlichen Schlüsse daraus auch gleichsam als Beiträge zur Diskussion angeboten habe. Ich wäre vollständig missinterpretiert, würde man annehmen, diese Schlüsse sollen schon die endgültigen Lösungen beschreiben. Ich wollte andererseits aber nachhaltig klar machen, dass ich davon überzeugt bin, dass alle ethisch bedenklichen Aspekte und negativen Auswirkungen regulierbar sind. Ganz allgemein gesagt, müssen dafür allerdings zwei Bedingungen erfüllt sein:

1) Es müssen zuerst ethische Pros und Contras aufgezeigt und allgemein bekannt sein. Zweifellos müssen Ethiker, Philosophen, Theologen in Zusammenarbeit mit Medizinern, Genetikern und Vertretern vieler anderer Wissenschaftsrichtungen daran permanent vorausschauend arbeiten. Zusätzlich müssen aber alle Mitglieder einer pluralistischen Gesellschaft sich an dieser Arbeit beteiligen. Ich wage sogar davon zu berichten, dass ich persönlich es als Pflicht jedes mündigen Staatsbürgers eines demokratischen Landes ansehe, sich dieser Arbeit nicht zu verschließen. Der Teil 3 dieses Buches sollte eigentlich lediglich den Zweck erfüllen, allen Menschen die Angst und Scheu davor zu nehmen, sich in die Diskussion einzubringen, einzumischen. Dass das wichtig ist, kann vielleicht sogar jemand wie ich, der – so wie wohl die meisten Staatsbürger – keinerlei spezielle Ausbildung in Ethik, Philosophie oder Theologie hat, nachvollziehbarer behaupten.

2) In einem demokratischen Land müssen solche Aspekte durch nachvollziehbare und transparente Regeln/Gesetze geregelt sein. Als Nicht-Jurist kann ich natürlich nichts dazu beitragen, wie diese Gesetze erarbeitet werden sollten oder letztlich genau aussehen müssten. Was ich aber aus meiner Arbeit als Genetiker herzuleiten wage, ist, was geregelt werden muss. Es soll also jetzt um Aspekte wie Zulassungsbedingungen, Qualitätssicherung, Beratung, Datenschutz oder Aus- und Fortbildung gehen. Auch hierbei sollen bei meinen Ausführungen nicht die Aspekte der Wissenschaftlichkeit alleine dominieren, sondern auch die der Nachvollziehbarkeit und Transparenz für jedermann. Der nun folgende Teil dieses Buches soll folglich die *Umsicht* andiskutieren, die angewandt werden muss, um möglichst die Vorteile gewährleisten, und negative *Auswirkungen* minimieren beziehungsweise ausschließen zu können. Dass also der Gedankenfluss des Teiles *Umsicht* durchwegs in Richtung *Auswirkungen* fließt und sich aber die Fließrichtung auch stetig wieder umkehrt, muss schließlich gewollter Anteil des zugrundeliegenden Konzepts sein.

Der Blick in die Kristallkugel

But human genetics also seems to be an original discipline. Leaving aside a few rare exceptions, it has not yet moved into the realms of therapy. Oddly, it is required to understand the past, explain the present and predict the future. In this respect, geneticists seem a little like modern-day stargazers who have replaced the crystal ball with studies of the gene sequence. So what we have is a situation in which geneticists are often required to make predictions for beings who do not yet exist or for the onset of hypothetical illness. They are quizzed over the state of health of a child not yet born or the inevitability of a foretold destiny. It is interesting to draw a parallel here with the saga of medical microbiology which began over a century ago. After the discovery of bacteria it took decades to develop vaccines and antibiotics. Similarly, following the discovery of genes, we probably have a century's worth of work on genetic medicine ahead of us and it will doubtless take us decades to learn to effectively prevent and cure genetic illnesses (J.–F. Mattei, 2001).[1]

Test oder nicht Test?

Ob man nun für jemand anderen entscheiden muss, wie im Falle von Präimplantationsdiagnostik, Pränataldiagnostik oder der Diagnostik an Minderjährigen, oder für sich selbst, die Entscheidung, ob „Test oder nicht Test“ kann und darf niemals leichtfertig getroffen werden. Die Aspekte der Pränataldiagnostik und Präimplantationsdiagnostik haben wir gerade im vorigen Kapitel besprochen. Die prädiktive Gendiagnostik bietet die Möglichkeit, eine genetische Disposition für eine Krankheit bereits vor ihrem Ausbruch zu erkennen. Es geht also um die Feststellung, ob jemand ein höheres, sehr hohes Risiko dafür hat im Laufe seines Lebens an einer bestimmten Krankheit zu erkranken. Das will man wissen, so das Grundkonzept dieses Buches, um, wenn die Möglichkeit besteht, durch Umwelteinflüsse entgegenwirken zu können. Gibt es medizinische Konzepte welcher Art auch immer, die es sinnvoll machen, dem Ausbruch der Erkrankung oder zumindest ihrem Schweregrad bereits im pränatalen Stadium entgegenzuwirken, so wäre eine Pränataldiagnostik mit diesem Ziel natürlich sehr wünschenswert. Gibt es allerdings keinen solchen Ansatz, sind Argumente für eine Pränataldiagnostik für Erkrankungen, die erst im späteren Leben auftreten/ausbrechen, wohl nur schwer zu finden. Ein Schwangerschaftsabbruch oder eine Präimplantationsdiagnostik im Kontext von Gentests betreffend Wahrscheinlichkeitsangaben für das spätere Auftreten solcher Krankheiten kann einmal ganz grundsätzlich gesagt nicht zur Hauptthese dieses Buches passen. Dies könnte sogar konsequenterweise als Zweifel an der eigenen Theorie interpretiert werden. Einerseits sind doch Wahrscheinlichkeitsangaben ohnedies viel zu wenig gewichtige Argumente für so schwerwiegende Entscheidungen. Andererseits würde ich selbst bei Gentests, die ganz sichere Aussagen hinsichtlich des Auftretens einer bestimmten Erkrankung im späteren Leben machen können, ein „Hinken" der Argumentation orten. Ein Schwangerschaftsabbruch oder eine Präimplantationsdiagnostik bei Gentests auf Erkrankungen, die zum Beispiel erst üblicherweise um das 50. Lebensjahr ausbrechen, würde voraussetzen müssen, dass man sicher ist, dass keinerlei prophylaktisches und/oder therapeutisches Konzept in den nächsten 50 Jahren entwickelt werden könnte. Und wer kann das heute voraussagen?

Bereits 1999 hat die Senatskommission für Grundsatzfragen der Genforschung der Deutschen Forschungsgemeinschaft formuliert, dass prädiktive genetische Diagnostik bei Kindern und Jugendlichen nicht durchzuführen ist, wenn das

Untersuchungsziel auf eine erst im Erwachsenenalter auftretende Krankheit ohne Möglichkeit der Prävention und Behandlung gerichtet ist.[2] Gemeint ist, dass der Patient die Entscheidung, ob ein Gentest durchgeführt werden soll oder nicht, später nach Erreichen der Volljährigkeit für sich selbst treffen kann und soll, außer eine beispielsweise therapeutische Intervention kann bereits davor sinnvoller Weise gesetzt werden. Um diese Entscheidung treffen zu können, müssen von der Seite der Ärzte und Genetiker ganz wichtige Hilfestellungen angeboten werden. Ein Blick wie durch die Kristallkugel in eine unabwendbare Zukunft kann mit Sicherheit in vielen Fällen mehr Schaden anrichten als nützen.

Informed Consent

Eine Vorgangsweise, die für jedermann ersichtlich und nachvollziehbar gewährleisten kann, dass ein Patient die so wichtigen Hilfestellungen nutzen konnte, inkludiert eine schriftliche Einverständniserklärung des Patienten. Für solch ein Einverständnis muss eine den Gentest betreffende optimale Information Voraussetzung sein. Es geht also um das Konzept des informierten Einverständnisses, im Englischen „informed consent", zu dem insgesamt vier Elemente, die Kompetenz, die Freiwilligkeit, die Informiertheit und die Zustimmung, gehören. Kompetenz setzt in diesem Zusammenhang voraus, dass der Patient nicht etwa durch geistige Behinderung, fortgeschrittene Demenz, Bewusstlosigkeit oder bestimmte psychische Beeinträchtigungen in seiner Entscheidungsfähigkeit eingeschränkt ist, wenn er völlig freiwillig (also ohne Zwang oder Fremdkontrolle) seine Zustimmung in der Regel durch eine Unterschrift erteilt.[3] Die Informiertheit setzt voraus, dass der Patient richtig und eingehend beraten wurde – dazu gleich im nächsten Kapitel genauer. Wie Patienteninformation und Einwilligungserklärungen im Zusammenhang mit Gentests gestaltet sein sollten, dafür gibt es schon sehr viele Konsensusvorschläge.[4]

Autonomie

Immanuel Kant hat schon gemeint, dass die Autonomie des Menschen, seine Fähigkeit, sich selbst Gesetze des Handelns zu geben, die Grundlage seiner Würde ist. Der Mensch entscheidet selbst – und wenn nicht, gilt:

> *Da gemäß der Position der Patientenautonomie der Lebenssinn und die Idee der Qualität des eigenen Lebens nicht dem Menschen von außen aufgezwungen werden darf, hat der Vormund die Wertwelt des Patienten und allgemein ethische Überlegungen in Einklang zu bringen, um eine Entscheidung im Sinne des Lebensentwurfes des Patienten zu treffen. Wer für andere entscheidet, ist dabei im besonderen Maße zur Einhaltung ethischer Grundsätze, Maßstäbe und Kriterien verpflichtet.*[5]

Patientenautonomie bedeutet aber meiner Ansicht nach auf keinen Fall, dass alles angeboten werden darf, selbst dann nicht, wenn die Kosten des Gentests eigenfinanziert würden. Die Grenzen der Patientenautonomie sind natürlich sofort erreicht, wenn Dritte – ob nun direkt oder langfristig indirekt – beeinträchtigt wären oder gar zu Schaden kommen könnten. Selbst wenn aber der Patient die Kosten vollständig aus der eigenen Tasche bezahlen würde und keinerlei direkte oder indirekte negative Folgen für Andere ersichtlich sind (etwa unter dem Gesichtspunkt der Benachteiligung oder Diskriminierung Anderer, die keinen Gentest machen lassen), müssen Fragen nach Schadensvermeidung für den Untersuchten selbst und der Aspekt der Nutzlosigkeit einfließen können.[6]

Die genetische Beratung

Gesetzliche Vorschriften sind im Zusammenhang mit der Anwendung von Gentests notwendig. In so manchen Fällen vielleicht sogar ohne direkten Zusammenhang mit festgesetzten Vorschriften ist die richtige Beratung als unverzichtbare Komponente der genetischen Untersuchung anzusehen. Es existiert die berechtigte Annahme oder Hoffnung, dass richtige Beratung in den meisten Fällen ein besseres Regulativ als Gesetze selbst darstellt. Dies ist nicht im Sinne einer direktiven Beratung zu verstehen, sondern vielmehr begründet in meiner Hoffnung, dass der vernünftige „Hausverstand" der Patienten selbst viele strittige Einzelfälle zum Guten hin, zur Vernunft hin, löst. Um diesen „Hausverstand" anwenden zu können, muss der Patient aber zuerst einmal detailliert und richtig beraten werden. Es soll aber an dieser Stelle nicht genügen, sich allein auf den „Hausverstand" der Patienten zu verlassen.

Ebenso unverzichtbar ist die fachgerechte Beratung auch als Komponente der Grundthese dieses Buches. Um genetischen Anlagen „kranker Gene" durch Umwelteinflüsse aktiv, richtig und daher sinnvoll entgegenwirken zu können, muss über die relevanten Möglichkeiten optimal informiert werden.

Wer?

Da Gentests fast immer im Zusammenhang mit Fragestellungen und Krankheiten, durchgeführt werden, die einem bestimmten (klinischen) Fach zuzuordnen sind (Geburtshilfe, Dermatologie, ...), ist es äußerst sinnvoll, die dazugehörigen Beratungen von den Fachärzten der entsprechenden Fachrichtungen durchführen zu lassen. Spezielle Fachkenntnisse in Humangenetik, speziell in medizinischer Genetik, sowie im Bereich der non-direktiven Beratung müssen zusätzlich Voraussetzung sein. Optimal ist das in Ländern gelöst, in denen es die Ausbildung zum Facharzt für Humangenetik gibt. Fachärzte mit Zusatzausbildungen bilden gemeinsam mit Fachärzten für Humangenetik ein Team. Da es sich hierbei um ein Fachgebiet mit permanenten rasanten Neuentwicklungen handelt, ist hierbei nicht nur das Augenmerk auf entsprechende Ausbildung, sondern im Besonderen auch auf ständige Fortbildung zu richten. Nur so kann gewährleistet werden, dass der Patient sich den aktuellsten Stand der Wissenschaft zunutze machen kann. Diese Fortbildungen müssen vorgeschrieben sein und auch ständig nachgewiesen werden.[1]

Der beratende Arzt ist nur selten auch für die Erstellung des genetischen Testergebnisses im Labor verantwortlich. Dementsprechend ist es von großer Bedeutung, dass stets eine aktive Interaktion zwischen beratendem Arzt und dem genetischen Labor herrscht, so dass dem Berater auch die Expertise des Laborleiters unterstützend zur Seite stehen kann. In manchen Ländern gibt es den Beruf des „genetic counsellors“. Hierfür muss eine spezielle Ausbildung absolviert werden. Viele Berufssparten im humanmedizinischen Bereich erkennen die große Bedeutung der richtigen Beratung im Zusammenhang mit Gentests. So wurden zum Beispiel vielerorts eigene spezifische Ausbildungsprogramme für Krankenschwestern entwickelt, um zu ermöglichen, dass sich auch dieser Berufsstand helfend einbringen kann.[2]

Es wurde außerdem bereits an anderer Stelle darauf hingewiesen, wie wichtig es ist, dass in das Management von Genanalysen (speziell von prädiktiven) unbedingt auch psychologische/psychotherapeutische Begleitung, Beratung und Hilfe integriert wird. Auch für diese Berufsstände gilt dann natürlich die dringliche Forderung nach Aus- und Fortbildung in medizinischer Genetik.[3]

Stellt man die Frage nach (genetischer) Beratung, so darf man meiner Meinung nach auch nicht die große Bedeutung der Medien im Zusammenhang mit der Vorinformation der Bevölkerung vergessen. Diese muss natürlich auch auf breiter Basis und flächendeckend von den Chancen im Sinne des „Entgegenwirkens", die in der Durchführung spezieller Gentests stecken, informiert werden. Auch die Risiken und möglichen negativen Auswirkungen müssen aufgearbeitet werden. Die Medien müssen diesen wichtigen Informationsauftrag unter Berücksichtigung journalistischer Verantwortung wahrnehmen.[4]

Wem?

Es steht natürlich außer Frage, dass Ergebnisse von Gentests unter strengstem Datenschutz stehen. Wir haben bereits im Kapitel „Die genetischen Kasten" die Aspekte diskutiert, warum (oder warum nicht) Gentestergebnisse an Arbeitgeber oder Versicherungskonzerne weitergeleitet, beziehungsweise von diesen verlangt werden dürfen. Ganz grundsätzlich geht es um Vermeidung von Diskriminierung jeglicher Art. Der entsprechende Datenschutz muss daher auch gesetzlich verankert sein.

Es kann aber andererseits unter bestimmten Voraussetzungen ethisch verantwortungsvoller sein, Abstand von diesen strengen Datenschutzregelungen zu nehmen. Sollte der Patient das selbst ablehnen, so kann es vielleicht sogar als ärztliche Pflicht interpretiert werden, Verwandte des Patienten zu informieren, dass (einem bestimmten Erbgang folgend) sie auch eine bestimmte Anlage geerbt haben könnten. Nehmen wir nur den Fall einer genetischen Prädisposition für eine schwere Krebserkrankung an, bei der aber gute präventive Konzepte zur Verfügung stehen. Würden die Verwandten nicht informiert, könnten ihnen lebensrettende Maßnahmen vorenthalten bleiben.

Physicians should have a legal right (not an obligation) to attempt to warn close relatives of a patient if they have significant risk of carrying an allele that could seriously endanger their health or the health of potential children. The injury inherent in the limited disclosure is more than countered by the potential benefit.[5]

Möchte man Verwandte entsprechend informieren, muss der Weg über das Gespräch mit dem Betroffenen selbst immer und kompromisslos einem Weg an ihm vorbei vorgezogen werden.

Was?

Bereits 1975 wurde vom Committee on Genetic Counselling festgelegt, dass genetische Beratung dem Individuum oder der Familie dabei helfen soll, die medizinischen Fakten (Diagnose, Verlauf der Krankheit und zur Verfügung stehende Behandlung), das Wiederholungsrisiko für Verwandte und die Möglichkeiten damit umzugehen, zu verstehen. Sie soll dabei helfen, Entscheidungen treffen zu können und sich auf die Behinderung eines Familienmitgliedes und/oder auf ein Wiederholungsrisiko einstellen zu können.[6]

Weiters in die Beratung einfließen müssen Angaben betreffend Sicherheit und Aussagekraft der Gentests. Die Beratung darf keinesfalls direktiv erfolgen, und das Recht auf Nicht-Wissen muss in jeder Phase des Prozesses vor und nach dem Gentest gewährleistet sein.

Wenn der richtigen Beratung in den Bereichen Pränataldiagnostik, Präimplantationsdiagnostik und prädiktiver Gendiagnostik auch besondere Bedeutung zukommt, so ist aber eine Beratung bei Gentests in anderen Bereichen (wie zum Beispiel in der Pharmakogenomik) genauso einzufordern und zu regeln.[7]

Der wissenschaftliche Weg

Die Fortschritte in den Lebenswissenschaften wecken zum Glück auch die berechtigte Hoffnung, dass wir vieles verbessern können. Wir alle wünschen uns, dass Krankheiten immer genauer erforscht und immer wirksamer behandelt werden können. Gentechnik und Genomforschung spielen dabei eine wichtige Rolle. Ja, ich bin zuversichtlich: Vieles wird besser werden. Aber glauben wir nicht den falschen Propheten, die uns sagen: Alles wird gut. Gegen alle Heilsversprechungen und gegen alle Ohnmachtsgefühle sage ich: Fortschritt nach menschlichem Maß kennt seinen Wert und weiß um seine Werte. Das Gegenteil von unbegrenztem Fortschritt ist nicht Stillstand oder Rückschritt. Wer gegen einen Fortschritt um jeden Preis plädiert, der ist kein Gegner des Fortschritts. Um unserer Freiheit willen müssen wir fragen: Was von den vielen neuen Möglichkeiten ist gut? Was müssen wir unbedingt versuchen? Was dürfen wir keinesfalls tun?

Diese Rede mit dem Titel „Wird alles gut? – Für einen Fortschritt nach menschlichem Maß" schließt der deutsche Bundespräsident Johannes Rau mit den Worten:

Wir müssen uns gemeinsam immer wieder neu darauf verständigen, welche Richtung wir dem Fortschritt geben wollen. Wir müssen immer wieder neu entscheiden, welche Grenzen wir überschreiten und welche Grenzen wir akzeptieren wollen. Wir müssen immer wieder wägen und entscheiden, welche Möglichkeiten unser Leben wirklich freier machen und welche Möglichkeiten uns bloß neuen Zwängen unterwerfen oder gar in das Leben anderer eingreifen. Die Zukunft ist offen. Sie ist kein unentrinnbares Schicksal und kein Verhängnis. Sie kommt nicht einfach über uns. Wir können sie gestalten – mit dem, was wir tun und mit dem, was wir nicht tun. Wir haben viele, wir haben große Möglichkeiten. Nutzen wir sie für einen Fortschritt und für ein Leben nach menschlichem Maß (J. Rau, 2001).[1]

So sehr und bedingungslos ich mich diesen Worten anschließe, so klar führen sie mir aber auch vor Augen wie wichtig es ist, den Menschen einen Weg anzubieten, wie man abwägen könnte. Wie kann man zumindest versuchen zu beurteilen, ob ein neues Forschungsergebnis richtig ist oder sich eines Tages als falsch herausstellen wird? Wie kann man einschätzen, ob die Prognosen bezüglich der positiven Bedeutung solcher neuer Erkenntnisse für den Menschen gerechtfertigt sind oder jeglicher Grundlage entbehren? Wie entwickeln sich sinnhafte Regeln für die Anwendung der neuesten wissenschaftlichen Erkenntnisse? Nicht blauäugig, sondern einen pluralistischen Zugang der Wissenschaften einfordernd, bin ich davon überzeugt, dass die einzige Möglichkeit dazu – heute und in Zukunft – der wissenschaftliche Weg bietet.

Was ist wahr?

In seinem bahnbrechenden Buch „The structure of scientific revolutions" schreibt Thomas S. Kuhn im Kapitel „The nature of normal science":

Paradigms gain their status because they are more successful than their competitors in solving a few problems that the group of practitioners has come to recognize as acute. To be more successful is not, however, to be either completely successful with a single problem or notably successful with any large number. The success of a paradigm – whether Aristotle's analysis of motion, Ptolemy's computations of planetary position, Lavoisier's application of the balance, or Maxwell's mathematization of the electromagnetic field – is at the start largely a promise of success discoverable in selected and still incomplete examples. Normal science consists in the actualization of that promise, an actualization achieved by extending the knowledge of those facts that the paradigm displays as particularly revealing, by increasing the extent of the match between those facts and the paradigm's predictions, and by further articulation of the paradigm itself.[2]

Um Gentests mit dem Ziel der Diagnostik, der Entwicklung von neuen Therapien beziehungsweise der Anwendung von vorbeugenden oder therapeutischen Maßnahmen einsetzen zu können, muss eine Reihe von wissenschaftlichen Fakten untersucht und geklärt werden, wie zum Beispiel: Ist das Gen für die Erkrankung bekannt? Was ist die Funktion des entsprechenden Genprodukts? Wie sicher ist das erzielte Ergebnis des Gentests? Wie aussagekräftig ist es in Bezug auf Eintreten der Erkrankung? Welcher Genotyp ist genau für welchen Phänotyp verantwortlich? Wie wirksam ist welches vorbeugende oder therapeutische Konzept? ... Für jede dieser unzähligen Fragen gilt es festzustellen, ob es sich bei den Antworten um wissenschaftliche Tatsachen handelt. Wie entsteht eine wissenschaftliche Tatsache, und ab wann ist etwas eine wissenschaftliche Tatsache?[3]

Transparenz

Im Bereich der medizinischen Genetik und der Biomedizin allgemein werden neue Entdeckungen in Labors, in klinischen Bereichen an Universitäten und in Firmen gemacht. Es werden Fragen gestellt und versucht, unter Zuhilfenahme der nach aktuellem Stand der Wissenschaft zur Verfügung stehenden Techniken und Methoden Antworten darauf zu finden. Neue Erkenntnisse werden in Fachjournalen veröffentlicht. Eine Konsequenz daraus ist die Steigerung von Ruhm, Ehre und Einkommen des Wissenschaftlers, der Universität, der Klinik, der Firma ... Weiters sind die neuen Ergebnisse dadurch für jedermann zugänglich – sei es nun für den Einsatz in Diagnostik und Therapie oder als Basis für weitere wissenschaftliche Projekte. Was ich an dieser Stelle aber herausarbeiten möchte ist, dass eine Veröffentlichung die neuen wissenschaftlichen Ergebnisse für Kontrolle, Überprüfung, Bestätigung oder Anzweiflung zugänglich macht. Durch Anwendung, Wiederholung und Überprüfung werden sie auf ihre Richtigkeit hin untersucht. Erst nach einem Prozess der vielfachen Bestätigung durch Experimente, klinische Studien und vielem mehr in verschiedenen unabhängigen Labors oder Kliniken, wird ein neues Ergebnis zu einer wissenschaftlichen Tatsache. Nur weil jemand einmal etwas behauptet, hat das in Wirklichkeit noch keine Relevanz – es muss sich erst etablieren.

Der Gynäkologe und Theologe Professor Johannes Huber (Vorsitzender der Ethikkommission des österreichischen Bundeskanzleramts) sieht die Auswirkungen der modernen Biomedizin auf unser Leben vor allem auch in der Interaktion zweier Entwicklungen: den neuen wissenschaftlichen Erkenntnissen der biomedizinischen Forschung gekoppelt mit der modernen elektronischen Kommunikation.[4] Die neuen Informationstechnologien bieten einerseits die riesige Chance, neue wissenschaftliche Ergebnisse schneller für jedermann zugänglich und daher auch schneller überprüfbar zu machen. Der wissenschaftliche Weg bis zur Etablierung wird beschleunigt. Diese Kombination führt aber auch dazu, dass die Menschen inklusive ihrer Wissenschaftler oft blitzartige Reaktivität wie Fischschwärme zeigen. „Das Gen für ... wurde charakterisiert!“ ist die Schlagzeile, und schon setzt sich eine Maschinerie von Reaktionen, von euphorischer Begeisterung bis kategorischer Ablehnung, in Gang. Und das, obwohl eigentlich nur eine Wissenschaftsgruppe in einem Labor einmal ... Der wissenschaftliche Weg ist vielleicht doch nicht so sehr beschleunigt, da Wissenschaftler zwar heute schneller informiert werden, sich aber auch ständig mit der Frage beschäftigen müssen, was sich von all dem durchsetzen wird. Wurde wirklich der erste Mensch geklont, nur weil Mitglieder einer Sekte dies in den Abendnachrichten behaupten? Wo ist der wissenschaftliche Beweis, der wissenschaftliche Weg?

Ich bin zutiefst davon überzeugt, dass sich der wissenschaftliche Weg durchsetzen kann, wenn er auch zweifellos nicht immun gegen Irrtümer ist. Die Zeit und die Mittel dazu muss man ihm, oder besser gesagt den Wissenschaftlern, aber schon lassen. Aus der Sicht der Wissenschaft wäre es auf dem Weg dorthin mit Sicherheit wesentlich hilfreicher, anstatt unberechtigte Hoffnungen oder noch nicht gerechtfertigte Abwehrmechanismen zu schüren, dafür zu plädieren, die Berichterstattung auf negative Ergebnisse auszudehnen. Es würde den wissenschaftlichen Erkenntnisprozess enorm beschleunigen, müsste man nicht stets wieder Pfade betreten, von denen andere bereits wissen, dass sie Sackgassen sind. Außerdem wäre natürlich eine wesentlich fairere Abwägung ethischer Pros und Contras neuer Ergebnisse möglich.

Zurecht fordert der Theologe Professor Günter Virt:

Ein wichtiges ethisches Desiderat wäre, dafür zu sorgen, dass alle Ergebnisse – auch die negativen – publiziert werden und dafür Organe geschaffen werden. Solange es an Transparenz mangelt, wird die Angst vor dem Unbekannten eher ansteigen und das Vertrauen in die Glaubwürdigkeit der Wissenschaft Schaden nehmen.[5]

Im Jahre 2002 wurde von der Gründung solch eines Journals für negative Ergebnisse – The Journal of Negative Results in Biomedicine – berichtet. Es wurde allerdings gleichzeitig mit Bedauern der Verdacht erhoben, dass viele Wissenschaftler ihre negativen Ergebnisse nicht zur Veröffentlichung einreichen werden, da sie denken, damit nur ihren Konkurrenten zu helfen.[6]

Und noch mehr Transparenz

Im Kontext der Anwendung von Gentests betrifft die einzufordernde Transparenz sowohl, wie oben beschrieben, die wissenschaftlichen Grundlagen, auf denen sie basieren, wie auch ihre eigentliche Durchführung. Es soll nicht gemeint sein, dass das scharf zu trennen wäre. Es ist ja schließlich Element des diesem Buch zugrunde liegenden Konzepts, dass Gentests aus wissenschaftlicher Sicht zur Anwendung kommen müssen, auch um ihren Wert hinsichtlich Aussagekraft, Reproduzierbarkeit, etc. erst evaluieren zu können. Der wissenschaftliche Weg muss auch hier gegangen werden. Labors, die Gentests durchführen, müssen von Wissenschaftlern mit der entsprechenden nachzuweisenden Fachkenntnis und der Bereitschaft zur ständigen Fortbildung betreut werden. Die Durchführung von Gentests muss an öffentlicher Stelle gemeldet sein, um eine Kontrolle von Zulassungsbedingungen und Durchführungsrichtlinien von außen zu ermöglichen. Jeder Gentest, sowie jede medizinische Diagnosemethode, hat auch eine Fehlerrate. Die Fehlerrate von Gentests ist im Vergleich zu vielen anderen medizinischen Diagnoseverfahren zwar relativ gering, sie ist aber von Test zu Test und von Labor zu Labor unterschiedlich und muss daher für Außenstehende transparent sein. Man benötigt also für die *Umsicht* als wichtige Voraussetzung bei der Anwendung von Gentests eine Kontrolle der Labors, eine Exekutive, eine Art Genpolizei!

Eine Exekutive zur Kontrolle von Diagnose und Forschung in der Biomedizin, welcher Art auch immer, wäre generell zu fordern:

Es gibt zwei Gründe, warum Kernwaffen leichter als Biotechnologie zu kontrollieren sind. Erstens ist die Entwicklung von Atomwaffen sehr teuer und erfordert große, sichtbare Einrichtungen, was private Unternehmungen sehr unwahrscheinlich macht. Zweitens ist diese Technologie derart offenkundig gefährlich, dass über ihre Kontrolle sehr schnell ein Konsens zustande kam. Dagegen kann die Biotechnologie in kleineren, weniger großzügig finanzierten Laboratorien vorangetrieben werden, und es gibt keinen ähnlichen Konsens über ihre Risiken.[7]

Ethikkommissionen und noch etwas

Man könnte argumentieren, dass erst, wenn etwas eine wissenschaftliche Tatsache ist, die ethischen Konsequenzen aus ihrer Umsetzung abgewogen und diskutiert werden müssen. Das wäre eindeutig zu spät. Ethische Abwägung muss parallel, ja in manchen Fällen sogar vorausschauend, zu naturwissenschaftlichen Entwicklungen stattfinden. Einerseits sollen Ethiker keine Zeit damit verschwenden, Wissenschaftsutopien zu diskutieren und zu bewerten. Andererseits soll aber auch darauf geachtet werden, dass Verharmlosung von Seiten der Naturwissenschaftler nicht ein Konzept zum Schutze vor kritischen Abwägungen werden kann.

Eines ist vollkommen klar: Die Zeiten sind vorbei, da Regierungen biotechnologische Fragen angehen konnten, indem sie nationale Kommissionen einsetzten, die Naturwissenschaftler mit Theologen, Historikern und Bioethikern zusammenbrachten. Diese Beratungsgremien – etwa die National Bioethics Advisory Commission in den Vereinigten Staaten und die Europäische Gruppe für Ethik der Naturwissenschaften und der Neuen Technologien (EGE) – spielten bei den intellektuellen Vorbereitungen eine sehr nützliche Rolle, weil sie die moralischen und gesellschaftlichen Auswirkungen medizinischer Forschung durchdachten. Aber nun ist es Zeit, vom Denken zum Handeln überzugehen, von Empfehlungen zu Gesetzen voranzuschreiten. Wir benötigen Institutionen mit wirklichen Durchsetzungskompetenzen.[8]

Es ist beides parallel notwendig. Meiner Meinung nach sind Ethik-Beratergruppen beziehungsweise Ethikkommissionen und solche Institutionen mit Durchsetzungskompetenzen nur sinnvoll, wenn sie parallel aktiv sind. Es ist die Aufgabe von Beratungsgremien, generell visionär in die Zukunft zu schauen, bereits Vor- und Nachteile noch kommender Entwicklungen zu beleuchten und sich dabei immer des aktuellsten wissenschaftlichen Standes als Voraussetzung zu bedienen. Ethikkommissionen sollen Forschung anhand der vorgegebenen Normen des einschlägigen Rechts, des Berufsstands und spezifischer Richtlinien beraten. Ethik-Beratergruppen dienen vor allem auch der politisch-rechtlichen Entscheidungsfindung.[9] Die „Institutionen" haben meiner Meinung nach nicht die eigentlichen wissenschaftlichen Aufgaben zu erfüllen, sondern müssen Gesetze und Regeln erarbeiten, die in der täglichen Praxis umgesetzt werden können, und müssen auch dafür sorgen, dass sie umgesetzt und eingehalten werden. Es ist sehr erfreulich, wenn sich auch Kirchen und Religionsvertreter in diese Diskussion einbringen.[10] Einen wichtigen Teil des wissenschaftlichen Weges bildet letztlich jeder Staatsbürger selbst, indem er eine persönliche Meinung zu den Themen entwickelt. Der Hintergrund für diese Meinung ist nun einmal in einer pluralistischen Gesellschaft individuell unterschiedlich, abhängig von so vielen Parametern inklusive philosophischer oder eben religiöser Aspekte.

Niemand ist für alles verantwortlich, was geschieht. Verantwortlich aber sind wir für das, was wir tun.[11]

Was können wir uns leisten?

Governments should not prohibit genetic screening or testing; they should decide what constitutes fair and beneficial use of genetic information and make rules to regulate the type of tests that can be performed (P. R. Reilly, 2001).[1]

Reich und arm

Gesundheit ist für die meisten Menschen nicht einfach ein Gut wie jedes andere – und so soll es auch sein. Inwieweit es allerdings ein Recht auf Gesundheit gibt, ist eine sehr vielschichtige Frage. Es macht wahrscheinlich sogar mehr Sinn, wenn man von einem Recht auf Schutz der Gesundheit spricht oder von einem Recht auf Gesundheitsfürsorge.[2] Es erscheint mir aber in diesem Zusammenhang sehr wichtig, auch darauf zu verweisen, dass ich davon überzeugt bin, dass jeder Mensch auch eine gewisse Verpflichtung gegenüber diesem so hohen Gut der Gesundheit hat. Natürlich kann man argumentieren, dass die moderne Medizin doch ohnedies ihre Möglichkeiten, bereits ausgebrochene Erkrankungen zu therapieren – ja oft sogar vollständig zu heilen – permanent expandiert. Warum soll ich mir also zu einem Zeitpunkt Gedanken über meine Gesundheit machen an dem ich noch gesund bin?

Beides, die Therapie genauso wie die Prophylaxe im Sinne der Präventivmedizin, gehören zum Spektrum des „Entgegenwirkens" gegen negative genetische Anlagen. Genau betrachtet unterscheiden sich die beiden aber in unglaublich vielen Gesichtspunkten. Einer davon ist der Aufwand, der getrieben werden muss, um Menschen davon zu überzeugen, dass „etwas" dafür zu tun ist. Ist man bereits erkrankt und leidet unter Symptomen, so ist der nötige Aufwand natürlich gering. Jeder möchte etwas dagegen tun. Ist man aber noch gesund und besteht die Möglichkeit, genetische Veranlagungen untersuchen zu lassen, mit dem Ziel Maßnahmen dagegen setzen zu können, krank zu werden, so liegt die Sache heute noch oft anders. Es ist dafür mit Sicherheit wesentlich mehr Überzeugungskraft notwendig. Besondere Überzeugungsarbeit muss sehr oft speziell dann geleistet werden, wenn es sich um Gentests handelt. Nicht selten schreckt die Bevölkerung noch vor dem Einsatz von genetischen Untersuchungen aus den verschiedensten Gründen zurück. Sicher spielt hier vielerorts noch eine grundlegend ablehnende Haltung gegenüber dem Wort „Gen“ eine Rolle. Wie hoch ist aber erst die Skepsis, wenn man einen Gesunden davon überzeugen muss, dass es für ihn von großem Vorteil sein könnte, sich einem bestimmten Gentest zu unterziehen, wenn dieser Test auch noch Geld kostet! Hier muss vielleicht einmal gesagt werden, dass der Preis eines Gentests von sehr vielen verschiedenen Parametern abhängt und daher sehr unterschiedlich sein kann. Haben sich Gentests aber einmal etabliert – gemeint ist, werden sie einmal im großen Maßstab angeboten und angewendet – dann sind sie wahrscheinlich billiger als ein Abendessen in einem Chinarestaurant.

Müssten die Patienten alle Gentests selbst bezahlen, so besteht kein Zweifel, dass gerade hierbei eine Spaltung in „arm und reich“ nicht zu verhindern wäre. Nur jemand, der es sich leisten kann, bezahlt Geld aus privater Hand für eine medizinische Leistung, von der im Vorfeld ja nicht gesagt werden kann, ob er sie braucht. Ergibt der Gentest nämlich, dass der Patient nicht zu einer bestimmten genetischen Risikogruppe gehört oder nicht die entsprechende Mutation oder den Polymorphismus trägt, so kann es sein, dass sich für ihn aus dem Test keinerlei Konsequenzen ergeben. Dafür bezahlen? Zusätzlich ist zu bedenken, dass selbst wenn er zur Risikogruppe gehört, auch das „Entgegenwirken“ Geld kosten kann, unabhängig davon, ob es nun über den Einsatz von Arzneimitteln erfolgt oder nur eine bestimmte Diätempfehlung beinhaltet. Bevor man solch einen Gentest macht muss man auch wissen, ob man sich die Konsequenzen leisten kann.

Und sofort stellt sich die Frage nach einer Finanzierung durch die öffentliche Hand. Wie immer wenn dieser Themenkreis zur Sprache kommt, scheinen die Fragen die Antworten zu erdrücken. Ein Aspekt, der mir besonders ins Auge sticht, ist die Frage nach den weltweit so großen Unterschieden der verschiedenen Gesundheits-Märkte. Welcher Gentest für welche Prädispositionen wird für wen etabliert und angeboten? Nur als Denkanstoß sei erwähnt, dass von 1233 neuen Medikamenten, die zwischen 1975 und 1999 zugelassen wurden, nur 13 gegen Tropenkrankheiten gerichtet waren.[3] Konsequenter Weise beschäftigt sich daher die WHO seit geraumer Zeit mit den Fragen zur „Gerechtigkeit und Genomics“.[4] Die Vorteile des Entkommens aus einem genetischen Determinismus – vor allem auch die der Pharmakogenomik – hätten gerade in Entwicklungsländern größte Bedeutung. Mit tiefem Bedauern stellt man aber fest, dass die Aspekte ihrer Umsetzung mit Rücksicht auf so viele andere vorherrschende ungelöste Probleme zur Zeit noch leicht utopisch anmuten. Gerade aber bei Medikamenten- und genereller Ressourcenknappheit könnten Aspekte der Pharmakogenomik größte Relevanz bekommen. Wenn man auch hoffen darf, so muss doch heute klar gemacht werden, dass der Problemkreis der Entwicklungsländer generell und der Problemkreis der Entwicklung neuer sinnvoll abgestimmter Gentests sich noch nicht einmal kennengelernt haben.

Wenn auch unter ganz anderen Prämissen, so muss die diesem Buch zugrunde liegende These auch vor dem Hintergrund ständig knapper werdender Ressourcen im Gesundheitswesen auch in unseren Breiten überprüft werden. Die überall merklicher werdende Diskrepanz zwischen medizinisch Machbarem und gesellschaftlich Finanzierbarem beruht auf verschiedensten Ursachen.[5] Wir haben im Kapitel „Gentechnische Verbesserungen?“ bereits davon gesprochen, dass unsere Gesellschaft älter wird und dadurch auch ganz neue Ansprüche an das Gesundheitswesen entstehen. Die Mehrkosten entwickeln sich aber auch sehr oft aus neuen, teuren Diagnose- und Therapieverfahren und überproportional gestiegenen Medikamentenkosten. Genau dazu würde ja die Anwendung des von mir vorgeschlagenen Konzepts nur noch beitragen – oder nicht?

Sparen lernen

Ich glaube, dass eigentlich genau das Gegenteil der Fall wäre. Eine breite Anwendung von Gentests wäre auf lange Sicht sicherlich kostensparend – ob zur Diagnose, zur Auswahl des optimalen therapeutischen Konzepts, ob zur Bestimmung von Risiken und Wahrscheinlichkeiten und dem dadurch ermöglichten Adaptieren des Lebensstils mit dem Ziel Krankheiten zu vermeiden, ob zur Optimierung des Einsatzes von Medikamenten durch Pharmakogenetik und Pharmakogenomik oder ob zu wissenschaftlichen Zwecken, um die Entwicklung derartiger Konzepte zu ermöglichen. Ein *umsichtiges* Gesundheitssystem würde also auch aus ökonomischen Gesichtspunkten gut beraten sein, zumindest ein verstärktes Augenmerk auf dieses oder ähnliche Konzepte im Bereich der medizinischen Genetik zu legen.

Ein Grund für diese Schlussfolgerung ist die weithin bereits akzeptierte, aber bei jedem individuellen Fall auch zu überprüfende, Erkenntnis, dass das Vermeiden von Krankheiten auch vom ökonomischen Standpunkt (neben all den offensichtlich wirklich guten medizinischen Gründen für den Patienten selbst) dem Therapieren von bereits aufgetretenen Symptomen vorzuziehen ist. Die Branchenspezialisten der Unternehmensberatung Frost & Sullivan haben in einer Analyse erarbeitet, dass sich durch den gezielten Einsatz genetischer Screening-Programme und Therapiemethoden jährlich mehrere Milliarden Dollar an Gesundheitskosten in den Vereinigten Staaten einsparen lassen. Die Experten sind aber auch davon überzeugt, dass bis dahin bei Versicherern, Ärzten und Patienten noch eine Menge Überzeugungsarbeit zu leisten ist, was den klinischen und finanziellen Nutzen betrifft.[6]

Man betrachte zum Beispiel nur den Bereich der Pharmakogenomik. Durch einen dadurch ermöglichten gezielten Einsatz von Arzneimitteln lassen sich die Gesundheitskosten ohne Zweifel signifikant senken. Ein gezieltes „fine-tuning" des Medikamenteneinsatzes hat überwältigende ökonomische Vorteile gegenüber einem „Ausprobieren" verschiedenster möglicher Arzneimittel. Ein beträchtlicher Teil der Kosten, die durch Hospitalisierung und Behandlung von Fällen von Arzneimittelunverträglichkeiten oder Nebenwirkungen ausgelöst werden, könnte eingespart werden. Zusätzlich muss jedes Medikament bevor es auf den Markt kommt in aufwändigen und genauen klinischen Studien auf Wirksamkeit, Nebenwirkungen, etc. getestet werden. Die Kosten all dieser Studien würden durch den Einsatz von Pharmakogenomik maßgeblich gesenkt. Ein 2001 erarbeiteter Bericht von PriceWaterhouseCoopers Pharmaceutical Consulting kalkuliert die Gesamtkosten der Entwicklung eines Medikaments auf 608 Millionen US-Dollar. Dieser Bericht belegt außerdem, dass der Einsatz von Pharmakogenomik diese Kosten um 103 Millionen US-Dollar pro Medikament senken könnte.[7]

Patente

Automatisch drängt sich in diesem Zusammenhang die Frage nach Biopatenten auf – eine sehr schwierige und zugleich polarisierende Frage. Für mich wäre diese Frage aber vorerst einmal ausschließlich auf Gentests, wie sie in diesem Buch thematisiert werden, bezogen lösbar.

Das Patenrecht schlägt zwei Kategorien von Patenten vor: einerseits Stoffpatente, die den Gegenstand einer Erfindung unter Patentschutz stellen sollen, andererseits sogenannte Verfahrenspatente, die Herstellungsverfahren oder Anwendungen schützen. Auf den ersten Blick scheint es sich hier um eine klare Unterscheidung zu handeln. Genauer betrachtet ist die Sache wesentlich komplexer.[8] Hilfe bekommt man vielleicht von einer Unterscheidung zwischen „discovery“ und „invention“.[9] Ersteres könnte mit „Entdeckung“, zweiteres vielleicht mit „Erfindung“ beschrieben werden. Es entsteht also etwas als Konsequenz menschlichen Denkens und Handelns, was so in der Natur noch nicht vorgekommen ist. Wenn ich ehrlich bin, glaube ich allerdings nicht, dass irgendeine dieser Unterscheidungen (und auch keine andere) wirklich Klarheit bei den Fragen der Bio-Patentierung schaffen kann. Eine Maus kommt in der Natur vor und kann daher nicht erfunden werden. Wie aber steht es mit einer transgenen Maus, also einer Maus, deren Erbgut vom Menschen durch Einschleusen eines Gens verändert wurde? Solch eine Maus kommt in der Natur nicht vor. Faktum ist, dass solch ein Patent auf ein Lebewesen, die sogenannte Harvard Maus, bereits vor vielen Jahren vergeben wurde. Seitdem verstummt die Diskussion um solche und ähnliche Patente nicht.

Bezüglich der Gentests denke ich, dass das menschliche Gen selbst, so wie es in der Natur vorkommt, nicht patentiert werden sollte. Viele Genetiker, die selbst schon einmal nach jahrelanger Arbeit ein neues Gen entdeckt und charakterisiert haben, nehmen mir diese Aussage vielleicht übel.

Ich bin aber weiters der Meinung, dass jedes Verfahren – zum Beispiel zur Analyse von Mutationen in einem bestimmten Gen, also ein Gentestverfahren – das von einer Firma oder Universität entwickelt wurde, patentierbar sein sollte. Es ist unbedingt notwendig, dass die gewerbliche Anwendung solcher Entwicklungen zumindest für eine bestimmte Zeit dem Erfinder vorbehalten ist. Ob man es will oder nicht, ökonomische Aspekte sind nicht selten die treibende Kraft für neue Entwicklungen, die schließlich zum Wohle des Patienten eingesetzt werden. Ganz vereinfacht gesagt, bin ich davon überzeugt, dass eine zu große Einschränkung der Patentierbarkeit beträchtliche negative Auswirkungen auf den biomedizinischen Fortschritt haben würde. Das wäre mit Sicherheit letztlich nicht im Sinne des Patienten. Davon abgesehen schließe ich mich aber der Meinung vieler Wissenschaftler an, dass gewährleistet werden sollte, dass die Grundlagenwissenschaft nicht oder nicht zu sehr von Patenten gebremst werden kann. Daher sind spezielle Aufhebungen des Patentschutzes für den Bereich Grundlagenwissenschaft oft erstrebenswert.[10]

Die Bevormundung der Genetik

Die Individualität

Nach allem bisher Gesagten wage ich davon auszugehen, dass der Leser meine Ausführungen nicht dahingehend interpretiert, dass ich irgendjemanden gerne dazu verpflichten möchte doch die Chance der Gentests mehr zu nutzen. Auch wenn ich davon überzeugt bin, dass ein *umsichtiges* Anwenden dieser Möglichkeiten für den Einzelnen in vielen Fällen wirklich gewaltige – ja oft lebenserhaltende – Vorteile bringen kann, so muss auch umgekehrt gewährleistet werden, dass nicht eine Welle der Bevormundung ausgelöst wird.

Ich möchte ein etwas naives Beispiel anführen, nur, um klar zu machen, wie ich darüber denke. Ich bin nicht der Meinung, dass der Staat beziehungsweise die Gesellschaft soweit gehen darf, dem Einzelnen das Rauchen zu verbieten. Es ist eine Entscheidung, die die Gesundheit des Einzelnen betrifft, und in das private Leben, in die individuelle Entscheidung, sollte sich der Staat nicht einmischen. Selbst dann nicht, wenn dadurch Kosten entstehen. Der Bürger muss – ganz allgemein und vereinfacht gesagt – selbst darüber entscheiden dürfen, ob er sich solch eine individuelle Freiheit durch Steuern erkaufen möchte oder nicht. Diese Entscheidung fällt jeder Staatsbürger bei der Wahl seiner parlamentarischen Vertreter. Ganz anders liegt der Fall, wenn andere von den Auswirkungen betroffen sind. Rauchen in geschlossenen Räumen stellt ein gesundheitliches Risiko für Nichtraucher dar und ist daher eindeutig zu regeln. Zumindest soweit muss klar sein, dass auch der Nichtraucher die Wahl haben sollte, sich für Räume und Gebäude entscheiden zu können, in denen nicht geraucht wird und diese den Raucherzonen vorziehen kann.

Ich meine in Bezug auf das in diesem Buch diskutierte Konzept der Anwendung von Gentests, dass die Bevölkerung unbedingt über Chancen und Risiken aufgeklärt werden muss. Dies bietet jedem Einzelnen die Möglichkeit, sich individuell nach seinem Empfinden zu entscheiden. Staatliche Regelungen sollten diese Entscheidungen so wenig wie möglich beeinflussen. Ausnahmen stellen alle jene Fälle dar, bei denen Dritte zu Schaden kommen können. Eine staatliche Diskriminierung (vereinfacht gesagt und in jedem Einzelfall nachzujustieren) – zum Beispiel in Form eines Ausschlusses aus der Kostenübernahme medizinischer Dienstleistungen, wenn man nicht sein genetisches Risiko bestimmten lässt – ist abzulehnen. Ich denke, dass ein Staat, der bei dieser Frage so vorgeht, vielleicht kurzfristig betrachtet die Gesundheit seiner Bürger im Visier hat, aber langfristig an Vorschriften und Kontrollen „erkrankt". Ein Staat, der zum Beispiel aufgrund vorgeschriebener flächendeckender Gentests auch flächendeckende Konzepte des „Entgegenwirkens", also zum Beispiel die Lebensführung, den Lebensstil jedes Einzelnen, vorschreiben will, zielt vielleicht auf den ersten Blick auf die Gesundheit seiner Bürger ab, macht aber gleichzeitig seine Bürger „krank". Man möge mir diese polemische Ausdrucksweise verzeihen. Es geht mir darum, dass ich es sehr bedauern würde, wenn ich so interpretiert würde, dass ich für staatlich vorgeschriebenes allumfassendes Gen-Screening plädiere.

Unter *umsichtigem* Einsetzen von Gentests verstehe ich, dass man den Menschen diese Chance gibt. Es geht darum, den Menschen von diesen Möglichkeiten zu erzählen. Es geht auch darum, immer noch tief verwurzelte Ängste zu nehmen. Es geht darum, niemandem vorzuenthalten, sich selbst und individuell dem Erhalt seiner Gesundheit annehmen zu können. Ich hoffe, es ist mir in diesem Buch gelungen klar zu machen, dass ich in einem *umsichtigen* Einsatz von Gentests verschiedenster Art eine gewaltige Chance für jeden Einzelnen sehe. Ich bin aber auch zutiefst davon überzeugt, dass ein staatliches, gesetzliches Vorschreiben – ja „Zwingen" – bei den meisten in diesem Buch diskutierten Aspekten völlig fehlschlagen würde.

Um es auf den Punkt zu bringen: Gesetze müssen geschaffen werden, um den Missbrauch zu verhindern oder – allgemeiner gesagt – um negative Auswirkungen, wie zum Beispiel Diskriminierung, auszuschließen. Aber Gesetze, die dem Einzelnen (ob direkt oder indirekt durch zum Beispiel darüber regulierte Zugänge zu medizinischer Versorgung etc.) vorschreiben wollten die Chance der Gentests für die Gestaltung seines Lebens wahrnehmen zu müssen, würden ein „Big Brother is watching you"-Szenario heraufbeschwören, das den Menschen in seiner Individualität einschränkt. Zu sehr in gleichmachender Manier die individuelle Entfaltung des Menschen einzuschränken, macht den Menschen krank – davon bin mit Sicherheit nicht nur ich überzeugt. In diesem Zusammenhang muss an die Stelle von Gesetzen die richtige Information und Beratung treten.

Was ist was?

Mit dem für dieses Kapitel gewählten Titel „Die Bevormundung der Genetik" wollte ich auch noch einen anderen für mich sehr wichtigen Aspekt ansprechen. Ich habe beschrieben, dass es mir darum geht, über den Einsatz von Gentests Mutationen/Polymorphismen nachzuweisen, und dadurch für den Patienten Fragen nach dem Auftreten einer bestimmten Erkrankung, nach dem Risiko, der Wahrscheinlichkeit des Auftretens bestimmter Krankheiten oder Symptome oder zum Beispiel nach der Verträglichkeit bestimmter Arzneimittel zu beantworten. Diese Information kann dem Patienten die Chance geben, gemeinsam mit seinem Arzt, mit seinen Nächsten, etc. Konzepte zu entwickeln, durch bestimmte Maßnahmen gesundheitsfördernd beziehungsweise gesundheitserhaltend darauf zu reagieren. Das ist eine große Chance und stellt für mich den Übergang zu einer neuen Medizin mit ganz neuen präventiven und prophylaktischen Konzepten dar, die die therapeutische Medizin in Zukunft ergänzen werden.

Diese Möglichkeit darf aber niemals – unter welchen Umständen auch immer – dafür eingesetzt werden, Menschen nach ihren genetischen Anlagen auf diskriminierende Weise zu bewerten. Ich glaube, es kann vorausgesetzt werden, dass das aus ethischer Sicht klar ist. Ich wage aber sogar, naturwissenschaftliche Argumente anzuführen, warum ich das für einen grundsätzlich falschen Gedanken/Ansatz halte.

Was ich an dieser Stelle klar machen möchte ist, dass ein Gentestergebnis unter bestimmten Voraussetzungen zwar einerseits bedeuten kann, für das Auftreten einer Krankheit ein höheres Risiko zu haben, aber andererseits gleichzeitig für das Auftreten einer anderen Erkrankung ein niedrigeres Risiko zu tragen. Groß angelegte Bestimmung von Polymorphismus-Mustern mittels Chip-Technologie zum Beispiel können zwar eine statistische Signifikanz des Zusammenhangs von DNA-Mustern mit dem Auftreten einer Erkrankung haben, könnten aber gleichzeitig auch (rein theoretisch) einen eindeutig statistisch signifikanten Zusammenhang mit zum Beispiel dem Auftreten eines besonderen Talents haben. Ein Polymorphismus kann mit einem positiven Effekt statistisch assoziiert sein und gleichzeitig mit einem anderen, negativen Effekt.

Dies ist rein statistisch bei einem einzigen Polymorphismus möglich, wird aber vielleicht sogar wahrscheinlicher, wenn man eine Analyse betrachtet, die gleichzeitig viele Polymorphismen detektiert.

Diese grundsätzliche Möglichkeit ist in der Genetik für bestimmte Anlagen schon lange bekannt. Die Assoziation zwischen der HbS-Genvariante von Hämoglobin und dem Auftreten von Sichelzellenanämie einerseits und eines Schutzes gegen Malaria andererseits, ausgelöst durch Infektionen mit *Plasmodium falciparum*, haben wir bereits erwähnt.[1]

Nur, um ein Gefühl dafür zu bekommen, wie wenig man teilweise noch über solche Zusammenhänge weiß, möchte ich vom Williams-Beuren-Syndrom erzählen. Es handelt sich hierbei um eine genetisch bedingte, kardiovaskuläre Erkrankung, die mit einer Häufigkeit von 1 : 30.000 vorkommt. Die Lebenserwartung dieser Menschen ist herabgesetzt, und sie werden grundsätzlich als geistig und körperlich retardiert eingestuft.[2] In Wirklichkeit repräsentieren Menschen mit dem Williams-Beuren-Syndrom eine genetisch oder biochemisch noch vollständig unverstandene Mischung geistiger Stärken und Schwächen. Während Rechnen, Lesen und Schreiben sehr schlecht bis gar nicht bewältigt werden können, haben diese Patienten oft ein unglaublich hohes Maß an verbalen Ausdrucksmöglichkeiten. Ganz besonders beeindruckend sind die Berichte von Einzelfällen mit überwältigenden musikalischen Fähigkeiten. Noten können diese Patienten nicht lesen, aber sie können über ein vollkommenes absolutes Gehör und perfektes Rhythmusgefühl verfügen und beim Erlernen und Spielen von Musikinstrumenten höchste Perfektion erlangen.[3]

Ich will eigentlich nur darauf hinaus, dass Gentests – wie weit entwickelt sie auch sein mögen – stets nur ganz konkrete kleine Teilbereiche, sozusagen Fenster, dessen berühren, was den Menschen ausmacht. Es besteht kein Zweifel, dass das Wissen (solche Teilinformationen) um bestimmte spezifische Risiken und Wahrscheinlichkeiten eine große Hilfe für den Einzelnen sein kann. Gentests erlauben niemals Schlüsse auf das einzelne Individuum in seiner komplexen Gesamtheit. Dieser in diesem Buch schon vielfach angesprochene Aspekt ist vielleicht im Zusammenhang mit Gentests beim Erwachsenen zum Zwecke des individuellen „Entgegenwirkens" nur deshalb eingeschränkt relevant, weil diese Frage sich ja gar nicht stellt. Genau dieser Aspekt ist es aber auch, der die größte nur irgendwie mögliche *Umsicht* beim Umgang mit und Einsatz von Gentests im Zusammenhang mit Präimplantationsdiagnostik oder Pränataldiagnostik einfordert. Ich habe im Kapitel „Die Selektion – vom Flirt zur Präimplantationsdiagnostik" klar zu machen versucht, dass Gentests die nur Wahrscheinlichkeitsaussagen zulassen, prädiktive Gentests für Erkrankungen, die erst im späteren Leben auftreten, oder gar Gentests, die als Kristallkugel hinsichtlich der Wahrscheinlichkeit für das Auftreten von bestimmten Eigenschaften oder dem Verhalten des Menschen gehandelt werden könnten, aus meiner Sicht am ungeborenen menschlichen Leben nicht angewandt werden dürfen. Ein Schwangerschaftsabbruch oder ein „Nicht-Einsetzen" eines Embryos im Zuge der Präimplantationsdiagnostik als Konsequenz solcher Gentestergebnisse ist nicht zu vertreten. Die in diesem Kapitel erläuterten Aspekte gliedern sich verstärkend in diese Argumentation ein. Es gibt aber noch einen sehr guten Grund, in diesem Zusammenhang höchste *Umsicht* einzufordern.

Die unbekannte Zukunft

Da wir über kein eindeutiges Maß besonders anerkennenswerter psychischer oder physischer Eigenschaften des Menschen verfügen, oder anders formuliert, da wir keine Möglichkeit haben, an die Menschen ein einheitliches Maß anzulegen, können wir auch nicht schlüssig in Erwägung ziehen, ob es besser ist, einen künftigen Eroberer höchster Berggipfel als Kind zu bekommen oder doch eher einen ausgezeichneten Dirigenten oder Satiriker (S. Lem, 2001).[1]

Die Zukunft der Gentechnik

Vom 24. bis zum 27. Februar 1975 fand in Asilomar in Kalifornien die wohl erste Konferenz von internationalem Ausmaß zum Thema „Die Zukunft der Gentechnik" statt. Ausgelöst wurde dieses Zusammentreffen durch eine im Jahr zuvor sehr hitzig geführte Diskussion über die Chancen und Risiken einer zu diesem Zeitpunkt völlig neuen Technologie, eigentlich eines neuen Wissenschaftszweiges. Diese Diskussion hat sogar zu einer Art auferlegtem Wissenschaftsstopp auf dem Gebiet der Gentechnologie geführt. Bis eben im Februar 1975 eine Konferenz einberufen wurde, um einen Überblick über den damaligen Wissensstand zu schaffen in Bezug auf die Sicherheit der Gentechnologie für Menschen und Umwelt. Diese Konferenz führte dazu, dass wieder Forschung auf dem Gebiet der Gentechnologie gefördert wurde. Der eigentliche Grund, warum ich hier davon erzähle, ist, weil es wahrscheinlich die erste Konferenz war, bei der man übereingekommen ist, dass der Umgang mit gentechnischer Forschung einer ständigen Begleitung durch die Politik in Form von stetig aktualisierten Regelungen und Gesetzen bedarf.[2] Ich glaube, es war niemand auf dieser ersten Konferenz dieser Art, der gewagt hätte all das als wahrscheinliches Zukunftsszenario vorauszusagen, was bis heute in der Tat auf dem Gebiet der Genforschung Wirklichkeit geworden ist. Vermutlich hätte sich niemand all das überhaupt vorstellen können. Genauso wenig, wie man in die Zukunft dieser Forschungsentwicklungen sehen kann, kann man aber auch etwas anderes vorhersehen.

Die Zukunft des Menschen

Ich habe im vorigen Kapitel geschrieben, dass ich noch einen guten Grund nennen würde, warum niemand aus bestimmten Gentests Schlüsse auf die komplexe Gesamtheit dessen, was den Menschen zum Menschen macht, ziehen sollte. Die bisher von mir genannten Gründe dafür waren rein im naturwissenschaftlichen Verständnis verschiedener Zusammenhänge begründet. Jetzt spreche ich auch von naturwissenschaftlichen Zusammenhängen. Da ich aber keinerlei Vorstellungen davon habe, wie diese jemals in der Geschichte des Menschen zugänglich, beschreibbar oder gar messbar werden könnten, kann man bei diesem Argument den rein theoretischen, nahezu philosophischen, Charakter nicht leugnen. Dies macht es meiner Meinung nach auf keinen Fall unbedeutender.

Ich habe argumentiert, dass der Mensch mit all seinen Fähigkeiten, Eigenschaften aber auch Krankheiten Produkt des Wechselspiels zwischen seinen Genen und Umwelteinflüssen ist. Ich kann das nicht genug untermauern, da ja die gesamte Grundthese dieses Buches darauf aufbaut. Dieses „Zusammenarbeiten" von Genen und Umwelt beruht auf einem Netz unvorstellbar, höchstwahrscheinlich für immer und ewig sogar unbestimmbar, vieler Komponenten. Gerade heute ist aber mehr denn je klar, dass die Umwelt im großen globalen Maßstab – genauso wie im den Menschen direkter betreffenden Alltag – permanenter Wandlung unterliegt. Selbst in der Generation vor uns waren alle Komponenten des menschlichen Lebens, die letztlich Einfluss auf den Menschen und auf die Auswirkungen seiner genetischen Anlagen auf alle Feinheiten und Details dieses so komplexen Phänotyps „Mensch“ haben, verschieden von den unseren. Der Bogen spannt sich vom Klima, der Sonneneinstrahlung bis zur täglichen Ernährung und den chemischen Stoffen und Mitteln, die heute Einfluss auf unser Leben haben. Wie werden diese Faktoren erst fünf Generationen nach uns aussehen?

Der enorm wichtige Schluss daraus ist: Wer heute mittels eines Gentests Wahrscheinlichkeitsaussagen für das Auftreten von Erkrankungen macht, muss die Komponente Umwelt zumindest in gewissem zeitlich eingeschränkten Maße als konstant oder zumindest vorhersehbar annehmen. Es ist möglich, dass eine neue Umweltbedingung, die zum Beispiel in Form eines neu auf den Markt gekommenen Kopfwehmedikaments oder in Form eines neuen medikamentösen Verhütungsmittels auf eine bestimmte Bevölkerungsgruppe neue Einflüsse ausübt, auch diese „genetischen Wahrscheinlichkeitsangaben“ beeinflusst.

Zugegeben, dies ist sehr theoretisch, und eine eventuelle weitgehende Einflussnahme würde man vielleicht erst nach Generationen erkennen können. Wie auch immer, diese Theorie bestärkt mich, noch einmal zwei Grundelemente der vorgestellten These zu untermauern:

1) Solche Wechselwirkungen können nur durch wissenschaftliche Studien und Beobachtungen aufgedeckt werden. Gentests müssen eingesetzt werden, um diese wissenschaftlichen Erkenntnisse zu ermöglichen.
2) Im Kapitel „Die Selektion – vom Flirt zur Präimplantationsdiagnostik“ wurde die größt mögliche Umsicht bei genetischen Untersuchungen mit sicherer Aussagekraft hin-

sichtlich monogenetischer oder chromosomaler Veränderungen mit schwerwiegenden, oft nicht mit Lebensfähigkeit vereinbaren, phänotypischen Auswirkungen eingefordert. Ich habe geschrieben, dass prädiktive Gentests, Tests, die Wahrscheinlichkeitsangaben machen u. ä., im Bereich der Pränataldiagnostik oder Präimplantationsdiagnostik keinen Einsatz finden sollten. Wer in diesem Zusammenhang welche Konsequenzen auch immer aus solchen Tests ziehen wollte, müsste außerdem rein theoretisch eigentlich voraussetzen können, „die optimale genetische Ausrüstung“ für die Umweltbedingungen der nächsten Generation (und noch weiterer Generationen) zu kennen. Und wie kann man das, wenn man die Umwelteinflüsse von morgen nicht voraussagen kann?

Teil 5: Die Hoffnung

Der Weg aus dem genetischen Determinismus

Ich habe also die Hoffnung, dass es ganz grundsätzlich einen Weg aus dem Determinismus „kranker Gene“ gibt. *Jeder einzelne Mensch* sollte sich die Chance von Gentests zu Nutze machen können, um diesen Weg einzuschlagen.

Voraussetzung dafür ist, dass *Genforscher* einerseits Gentests entwickeln, anwenden und auch anwenden können, um neue wissenschaftliche Erkenntnisse zu erhalten. Weiters müssen Wissenschaftler höchste Transparenz auf ihrem „wissenschaftlichen Weg“ aufrechterhalten. Nur so besteht die Möglichkeit einer objektiven Meinungsbildung in Bezug auf neue wissenschaftliche Ergebnisse der Genforschung und die Einsatzmöglichkeiten und Aussagekraft neu entwickelter Gentests.

Ethiker, Philosophen und *Theologen* müssen diesen Wissenschaftsprozess ständig begleiten, um dazu beizutragen, dass die Vorteile genutzt, und Nachteile und mögliche negative Auswirkungen verhindert werden können.

Diese Wechselwirkungen und Interaktionen müssen dazu führen, dass *Juristen* und *Politiker* gesetzliche Regeln entwerfen und erlassen, um diese Chancen jedem zu ermöglichen ohne Tür und Tor für negative Auswirkungen zum Beispiel in Form von Diskriminierung zu öffnen.

Die Bevölkerung kann sich in diese Diskussion nur einbringen und kann diese Möglichkeiten nur dann nutzen, wenn sie darüber umfangreich und objektiv von den *Medien* informiert wird.

Ärzte schließlich müssen beraten und beraten und beraten ... und dann erst anwenden, um jedem Einzelnen ein höchst mögliches Ausmaß an freier Entscheidungsfindung zu gewährleisten.

Wir stehen heute erst am Anfang dieses Weges aus dem Determinismus „kranker Gene“. Für viele genetische Erkrankungen oder Prädispositionen sind noch keine Konzepte des „Entgegenwirkens“ – weder in Form von Prophylaxe noch in Form einer Therapie – entwickelt worden. Es wäre aber meiner Meinung nach völlig falsch, heute daraus den Schluss zu ziehen, Gentests nicht anwenden zu sollen. Gentests müssen nach Kenntnis der *Voraussetzungen*, des *Nutzens* und der möglichen *Auswirkungen* mit *Umsicht* eingesetzt werden. Nur dann kann die *Grundlagenforschung* durch das Verstehen der genetischen Grundlagen die Voraussetzungen für die *pharmazeutische Industrie* schaffen, solche neuen Konzepte zu entwickeln.

Bedenkt man nur, dass Experten den Zeitraum, der dafür benötigt wird, dass aus 10.000 möglichen Ansätzen ein neues Medikament vom Laborexperiment bis zum Einsatz beim Patienten entwickelt werden kann, auf mindestens 15 Jahre ansetzen,[1] so ist auch klar, dass wir heute noch ganz am Anfang dieses Weges aus dem genetischen Determinismus stehen. Umso wichtiger ist es, keine Zeit mehr zu verlieren und sich sofort auf den Weg zu machen. Ein vollständiges Entkommen aus allen möglichen genetischen Determinanten des Menschen ist natürlich grundsätzlich niemals möglich – der Mensch ist Produkt seiner Gene genauso wie seiner Umwelt. Dieses Buch bezieht sich auf „kranke Gene“. Jede einzelne ungelöste Frage genetischer Anlagen für Krankheiten des Menschen ist es wert, diesen langen und steinigen Weg zu gehen.

Meine Hoffnung ist, dass dieses Buch vielleicht ein klein wenig dazu beitragen könnte, dass *jeder einzelne Mensch, Genforscher, Ethiker, Philosophen, Theologen, Juristen, Politiker, Medien, Ärzte* und die *Grundlagenforschung* wie die *pharmazeutische Industrie* zusammenhelfen, um die Steine, die auf diesem Weg liegen, zur Seite zu schaffen.

Anmerkungen

Teil 1: Die Voraussetzungen

Kranke Gene

[1] Aus der Definition des Begriffes „Gen“ von *Merriam J. (2001): Gene. in Encyclopedia of genetics. Edited by Sidney Brenner and Jeffrey H. Miller. Verlag Academic Press. Seite 759.*

[2] Zitat aus der Beschreibung des Begriffs DNA aus dem Glossar in *Gelehrter T. D., Collins F. S., Ginsburg D. (1998): Principles of medical genetics. Verlag Williams & Wilkins.*

[3] Grundlagen der Genetik in der Humanmedizin sind für den Laien verständlich aufgearbeitet in *Hengstschläger M. (2001): Das ungeborene menschliche Leben und die moderne Biomedizin. Was kann man, was darf man? Verlag Wilhelm Maudrich, Wien-München-Bern* und in *Fesch C. (2000): Genetische Tests. Wie funktionieren sie, und was sagen sie aus? Verlag Ratgeber Fischer.* Als englischsprachige einführende Spezialliteratur zur Genetik in der Medizin ist zu empfehlen *Jorde L. B., Carey J. C., White R. L. (2000): Medical Genetics. Verlag Mosby; Mueller R. F., Young, I. D. (2001): Emery's elements of medical genetics. Verlag Churchill Livingstone; Gelehrter T. D., Collins F. S., Ginsburg D. (1998): Principles of medical genetics. Verlag Williams & Wilkins.*

[4] *Rappsilber J., Mann M. (2002): What does it mean to identify a protein in proteomics? Trends in Biochemical Sciences 27, Seite 74.*

[5] *Avery O. T., McLeod C. M., McCarthy M. (1944): Induction of Transformation by a Desoxyribonucleic Acid Fraction Isolated from Pneumococcus Type III. Journal of Experimental Medicine 79, Seite 139.*

[6] *Watson J. D., Crick F. H. C. (1953): A Structure for Desoxyribonucleic Acid. Nature 171, Seite 737.* Die Geschichte der Entwicklung des Wissens um Aufbau und Struktur der DNA von Watson erzählt in *Watson J. D. (1968): The Double Helix. Verlag Atheneum, London.*

[7] Der Wettkampf zwischen dem öffentlichen humanen Genomprogramm und den Bemühungen der Privatfirma Celera von Craig Venter führte zu den gleichzeitigen Publikationen der Sequenz des humanen Genoms in *International human genome*

sequencing consortium (2001): Initial sequencing and analysis of the human genome. Nature 409, Seite 860. Venter J. C. et al. (2001): The sequence of the human genome. Science 291, Seite 1304.

[8] Neuere Analysen der Sequenzdaten sowohl von der Firma Celera als auch des öffentlichen Genomprogramms führten zu der Annahme, dass der Mensch mindestens 42000 Gene hat; veröffentlicht in *Hogenesch J. B., Ching K. A., Batalov S., Su A. I., Walker J. R., Zhou Y., Kay S. A., Schultz P. G., Cooke M. P. (2001): A comparison of the Celera and Esembl predicted gene sets reveals little overlap in novel genes. Cell 106, Seite 413.*

[9] Nachzulesen in *Mural R. J. et al. (2002): A comparison of whole-genome shotgun-derived mouse chromosome 16 and the human genome. Science 296, Seite 1661.*

[10] *Fox Keller E. (2001): Das Jahrhundert des Gens. Verlag Campus Fachbuch.*

[11] *Markl H. (2002): Schöner neuer Mensch? Verlag Piper.* Eine Rezension dieses Buches ist zu finden in *Hengstschläger M. (2002): Gentechnik und die „Grenzen der Wissenschaft": An die Allmacht der Gene scheinen heute eher die Philosophen als die Biologen zu glauben. http://www.science.orf.at/science/news.*

[12] *Watson J. D. (1997): Good gene, bad gene. What is the right way to fight the tragedy of genetic disease? Time, Seite 86.*

[13] Aus der Definition des Begriffes „Mutation" von *Ripley L. S. (2001): Mutation. In Encyclopedia of genetics. Edited by Sidney Brenner and Jeffrey H. Miller. Verlag Academic Press. Seite 1268.*

[14] Grundlagen der Genetik siehe 3. Siehe auch die Definition des Begriffes „DNA-Polymorphismus" von *Singh R. S. (2001): Polymorphism. In Encyclopedia of genetics. Edited by Sidney Brenner and Jeffrey H. Miller. Verlag Academic Press. Seite 1507.*

[15] *Siehe 12.*

Wo beginnt Krankheit?

[1] *Pöltner G. (2002): Grundkurs Medizin-Ethik. Verlag UTB Facultas. Seite 75.*

[2] Die Definition von „Psychose" aus *Pschyrembel (2002): Klinisches Wörterbuch 259. Auflage. Verlag de Gruyter. Seite 1380.*

[3] *Ringel E. (1973): Selbstschädigung durch Neurose. Verlag Herder. Seite 11.*

[4] *Siehe 3.*

[5] Es ist mir an dieser Stelle ein Bedürfnis klar zu machen, dass ich bestimmt kein Anhänger einer Trennung von organischen und psychischen Ursachen im Zusammenhang mit Krankheitsentstehung bin. Der so bedeutende Zusammenhang dieser beiden Komponenten ist mir bewusst. Diese nur scheinbare Trennung im Zusammenhang mit dem Beispiel der Diagnostik dieses Patienten wurde nur zum Zwecke der Verständlichkeit eingeführt.

[6] *Meyers Großes Handlexikon (2001): Meyers Lexikonverlag.*

[7] *Pschyrembel (2002): Klinisches Wörterbuch 259. Auflage. Verlag Walter de Gruyter.*

[8] Beschreibungen sind zu finden an mehreren Stellen in *Scriver C. R., Beaudet A. L., Sly W. S., Valle D., Vogelstein B., Childs B., Kinzler K. W. (2001): The metabolic and molecular bases of inherited disease (8th edition). Verlag McGraw-Hill.*

[9] *Beck M. (2001): Hippokrates am Scheideweg. Medizin zwischen naturwissenschaftlichem Materialismus und ethischer Verantwortung. Verlag Schöningh.*

Gentechnische Verbesserungen?

[1] *Mieth D. (2002): Was wollen wir können? Ethik im Zeitalter der Biotechnik. Verlag Herder. Seite 117.*

[2] *Münz R. (2000): Graue Zukunft Österreich. Die Universität, Zeitung der Universität Wien, Nr. 4, Seite 10.* Eine aktuelle Übersicht zu diesem Thema betreffend verschiedene, ausgewählte OECD-Länder bietet *Niejahr E. (2003): Die vergreiste Republik. Die Zeit Nr. 2, Seite 9.*

[3] *Siehe 1.*

[4] Eine Zusammenfassung und Diskussion der verschiedenen Studien mit insgesamt über 20000 Frauen ist zu finden in: *Beral V., Banks E., Reeves G. (2002): Evidence from randomised trials on the long-term effects of hormone replacement therapy. The Lancet 360, Seite 942.*

[5] *Fukuyama F. (2002): Das Ende des Menschen. Deutsche Verlags-Anstalt. Kapitel 3: Neuropharmakologie und Verhaltenskontrolle.*

[6] *Siehe 5. Seite 79.*

Die genetische Anlage für das Kranksein

[1] Es sei an dieser Stelle noch einmal angemerkt, dass Grundlagen der Genetik in der Humanmedizin für den Laien verständlich aufgearbeitet sind in *Hengstschläger M. (2001): Das ungeborene menschliche Leben und die moderne Biomedizin. Was kann man, was darf man? Verlag Wilhelm Maudrich, Wien-München-Bern* und in *Fesch C. (2000): Genetische Tests. Wie funktionieren sie, und was sagen sie aus? Verlag Ratgeber Fischer.* Als einführende englischsprachige Literatur zur Genetik in der Medizin ist zu empfehlen *Jorde L. B., Carey J. C., White R. L. (2000): Medical Genetics. Verlag Mosby; Mueller R. F., Young, I. D. (2001): Emery's elements of medical genetics. Verlag Churchill Livingstone; Gelehrter T. D., Collins F. S., Ginsburg D. (1998): Principles of medical genetics. Verlag Williams & Wilkins.*

[2] Eine zusammenfassende Beschreibung dieser Methoden genetischer Diagnostik ist zu finden in *Hengstschläger M. (2001): Biochemische, zytogenetische und molekulargenetische Untersuchung; in Lehrbuch der Frauenheilkunde, Hg. Husslein P., Bernaschek G., Huber J. C., Kubista E., Leodolter S. Verlag Wilhelm Maudrich. Seite 298.*

[3] Detaillierte Beschreibungen der drei Typen von Mutationen: Genommutationen, Chromosomenmutationen und Genmutationen sind zu finden in *Murken J., Cleve H. (1996): Humangenetik. Ferdinand Enke Verlag; Strachan T., Read A. P. (1996): Molekulare Humangenetik. Spektrum Akademischer Verlag; Buselmaier W., Tariverdian G. (1999): Humangenetik. Springer Verlag; Mange E. J., Mange A. P. (1999): Basic human genetics. Verlag Sinauer Associates Inc.*

[4] Die älteren Meilensteine der Geschichte der Genetik sind sehr prägnant beschrieben in der Einführung des Buches *Passarge E. (1994): Taschenatlas der Genetik. Verlag Thieme.*

[5] Definition „Genmutation" in *Buselmaier W., Tariverdian G. (1999): Humangenetik. Springer Verlag. Seite 64.*

[6] Definition „Genmutation" in *Murken J., Cleve H. (1996): Humangenetik. Seite 18.*

[7] Aus dem Unterkapitel „Classification of genetic disease", Seite 6 in *Mueller R. F., Young, I. D. (2001): Emery's elements of medical genetics. Verlag Churchill Livingstone.*

[8] Aus dem Kapitel „Polygenic and multifactorial inheritance", Seite 127 aus *Mueller R. F., Young, I. D. (2001): Emery's elements of medical genetics. Verlag Churchill Livingstone.*

Die genetische Neigung zum Krankwerden

[1] Dieses Zitat ist aus *Rao D. C. (2001): Genetic dissection of complex traits: an overview; in Genetic dissection of complex traits edited by Rao D. C., Province M. A., Verlag Academic Press. Seite 13.* Das Buch bietet eine Diskussion der Untersuchungen betreffend der Wechselwirkungen zwischen Umwelt und Genen auf höchstem naturwissenschaftlichen Niveau.

[2] BRCA1 wurde 1994 identifiziert von *Miki Y., Swensen J., Futureal D., Shattuck-Eidens P. A., Harshman K., Tavtigian S., Liu Q. Y., Cochran C., Bennett L. M., Ding W., Bell R., Rosental J., Hussey C., Tran T., McClure M., Frye C., Hattier T., Phelps R., Haugenstrano A., Katcher H., Yakumo K., Gholami Z., Shaffer D., Stone S., Bayer S., Skolnick M. H. (1994): A strong candidate for the breast and ovarian cancer susceptibility gene BRCA1. Science 266, Seite 66.*

[3] Aktuelle Übersichtsartikel zur Frage der Rolle von BRCA1 bei der Entstehung von Brustkrebs: *Welsch P. L., King M.-C. (2001): BRCA1 and BRCA2 and the genetics of breast and ovarian cancer. Human Molecular Genetics 10, Seite 705; Venkitaraman A. R. (2002): Cancer susceptibility and the function sof BRCA1 and BRCA2. Cell 108, Seite 171*; oder von unserer Arbeitsgruppe: *Kubista M., Rosner M., Miloloza A., Hofer K., Prusa A.-R., Kroiss R., Marton E., Hengstschläger M. (2002): BRCA1 and differentation. Reviews in Mutation Research 512, Seite 165.*

[4] Diese aktuellen wissenschaftlichen Ergebnisse wurden veröffentlicht in *Kubista M., Rosner M., Kubista E., Bernaschek G., Hengstschläger M. (2002): BRCA1 regulates in vitro differentiation of mammary epithelial cells. Oncogene 21, Seite 4747.* Ein Übersichtsartikel, der auch diese spezielle Thematik diskutiert, ist *Kubista M., Rosner M., Miloloza A., Hofer K., Prusa A.-R., Kroiss R., Marton E., Hengstschläger M. (2002): BRCA1 and differentation. Reviews in Mutation Research 512, Seite 165.*

[5] Eine umfassende Behandlung dieser Thematik mit einer zusätzlichen Diskussion eventuell sich daraus ergebender ethischer Fragestellungen ist zu finden in *Hengstschläger M. (2003): Genetische Prädisposition für pränatale, perinatale und neonatale Infektionen? – Genetik und Ethik. Nova Acta Leopoldina.*

[6] *Cooke S. G., Hill A. V. S. (2001): Genetics of susceptibility to human infectious disease. Nature Reviews 2, Seite 967.*

[7] *Hill A. V. (2001): The genomics and genetics of human infectious disease susceptibility. Annual Review of Genomics in Human Genetics 2, Seite 237.*

[8] *Blackwell J. M. (2001): Genetics and genomics in infectious disease susceptibility. Trends in Molecular Medicine 7, Seite 521.*

Gene und Umwelt: äußere und innere Einflüsse

[1] Aus dem Kapitel der „Genoptimierte Mensch – und sein soziales Erbe" in *Hondrich K. O. (2001): Der neue Mensch. Verlag Edition Suhrkamp. Seite 163.*

[2] *Wink M. (2001): Vererbung und Milieu. Heidelberger Jahrbücher. Verlag Springer.*

[3] Eine äußerst klare und verständliche Beschreibung des wissenschaftlichen Ansatzes der Zwillingsforschung des renommierten Humangenetikers Prof. Friedrich Vogel ist zu finden in *Vogel F. (2001): Vererbung und Milieu bei komplex (multifaktoriell) verursachten Krankheiten in Vererbung und Milieu. Herausgegeben von Wink M., Heidelberger Jahrbücher. Verlag Springer.*

[4] *Eibl-Eibesfeldt I. (1976): Der vorprogrammierte Mensch. Das Ererbte als bestimmender Faktor im menschlichen Verhalten. Verlag DTV. Seite 20.*

[5] Eine große Anzahl solcher Befunde ist angeführt in dem bekannten Buch des Direktors des Geninstituts am National Cancer Institut's Laboratory of Biochemistry (USA) Dean Hamer und des Wissenschaftsjournalisten Peter Copeland: *Hamer D. und Copeland P. (1998): Das unausweichliche Erbe. Wie unser Verhalten von unseren Genen bestimmt ist. Verlag Scherz.*

[6] Siehe 3.

[7] *Lichtenstein P., Holm N. V., Verkasalo P. K., Iliadou A., Kaprio J., Koskenvuo M., Pukkala E., Skytthe A., Hemminki K. (2000):*

Environmental and heritable factors in the causation of cancer: analyses of cohorts of twins from Sweden, Denmark and Finland. New England Journal of Medicine 342, Seite 78.

[8] *Tanner C. M. (2003): Is the cause of Parkinson's disease environmental or hereditary? Evidence from twin studies. Advances in Neurology 91, Seite 133.*

[9] *Hamer D. und Copeland P. (1998): Das unausweichliche Erbe. Wie unser Verhalten von unseren Genen bestimmt ist. Verlag Scherz. Seite 229.*

[10] *Hamer D., Hu S., Magnuson V. L., Hu N.,, Pattatucci A. M. (1993): A linkage between DNA markers on the X chromosome and male sexual orientation. Science 261, Seite 321.*

[11] *Plomin R., McGuffin P. (2002): Psychopathology in the postgenomic era. Annual Reviews in Psychology 6.*

[12] *Gratacos M., Nadal M., Martin-Santos R., Pujana M. A., Gago J., Peral B., Armengol L., Ponsa I., Miro R., Bulbena A., Estivill X. (2001): A polymorphic genomic duplication on human chromosome 15 is a susceptibility factor for panic and phobic disorders. Cell 106, Seite 367.*

[13] *Hamer D. (2002): Rethinking behavior genetics. Science 298, Seite 71.*

[14] Eine Zusammenfassung der neuen Forschungsergebnisse verschiedener Arbeitsgruppen zu diesem Thema ist zu finden in *Pray L. (2002): Evolutionists present their 1,3% solution. Altered gene expression could explain the genetic difference between human and chimp. The Scientist 16, Seite 36.*

Was ist testbar?

[1] *Jimenez-Sanchez, G., Cilds B., Valle D. (2001): Human disease genes. Nature 409, Seite 853.*

[2] Einen immer auf den neuesten Stand gebrachten Überblick über genetische Methoden in der Diagnostik von Erkrankungen inklusive Arbeitsbeschreibungen bietet *Dracopoli N. C., Haines J. L., Korf B. R., Moir D. T., Morton C. C., Seidman C. E., Seidman J. G., Smith D. R. (updates): Current protocols in human genetics. Verlag John Wiley & Sons.*

[3] *Mueller R. F., Young, I. D. (2001): Emery's elements of medical genetics. Verlag Churchill Livingstone. Seite 6.*

[4] *Buselmaier W., Tariverdian G. (1999): Humangenetik. Springer Verlag. Seite 352.*

[5] *Berufsverband Medizinische Genetik (2002): QS-Datenbank. Molekulargenetische Diagnostik. Medizinische Genetik 14, Seite 397.*

[6] *Berth H. (2002): Gentests im Internet. Entwicklungen mit Risiken. Deutsches Ärzteblatt 40, Seite 2082.*

[7] *Gabriel S. B., Salomon R., Pelet A., Angrist M., Amiel J., Fornage M., Attie-Bitach T., Olson J. M., Hofstra R., Buys C., Steffann J., Munnich A., Lyonnet S., Chakravarti A. (2002): Segregation at three loci explains familial and population risk in Hirschsprung disease. Nature Genetics 31, Seite 89.* Eine Diskussion dieser Veröffentlichung und Allgemeines zur Hirschsprung Krankheit ist zu finden *in Passarge E. (2002): Dissecting Hirschsprung disease. Nature Genetics 31, Seite 11*; *McCabe E. R., (2002): Hirschsprung,s disease: dissecting complexitiy in a pathogenetic network. Lancet 359, Seite 1169.*

[8] *Scriver C. R., Beaudet A. L., Sly W. S., Valle D., Vogelstein B., Childs B., Kinzler K. W. (2001): The metabolic and molecular bases of inherited disease (8th edition). Verlag McGraw-Hill.*

Teil 2: Der Nutzen

Eine Krankheit verstehen

[1] Einleitende Worte des Buches *Monod J. (1975): Zufall und Notwendigkeit. Philosophische Fragen der modernen Biologie. Verlag DTV.*

Der französische Molekularbiologe Jacques Monod, der 1965 zusammen mit Andre Lwoff und Francois Jacob den Nobelpreis für Medizin erhielt, schreibt außerdem im Vorwort zu diesem Buch als Entschuldigung für die Verwendung des Wortes „Philosophie" im Titel höchst treffend: *„Für einen Wissenschaftler ist es heute unvorsichtig, das Wort „Philosophie", und sei es „Naturphilosophie", im Titel (oder auch nur Untertitel) einer Arbeit zu verwenden. Damit kann er sicher sein, dass die Wissenschaftler sie mit Misstrauen, die Philosophen bestenfalls mit Herablassung aufnehmen werden. Ich habe nur eine Entschuldigung,* *die ich jedoch für legitim halte: die Pflicht, die den Wissenschaftlern heute mehr denn je auferlegt ist, ihre Fachdisziplin im Gesamtzusammenhang der modernen Kultur zu sehen und dieses nicht nur durch technisch bedeutende Erkenntnisse zu bereichern, sondern auch durch Gedanken, die sich aus ihrer Fachwissenschaft ergeben und die nach ihrer Ansicht für die Menschheit wichtig sein könnten. Aber auch die Unbefangenheit, mit der man etwas ganz neu betrachtet – wie es die Wissenschaft immer tut –, kann manchmal alte Probleme in einem neuen Lichte erscheinen lassen.“*

Diese Schlüsse sind heute fast 30 Jahre danach noch von der selben Wichtigkeit und waren mit ein wesentlicher Grund für das Verfassen des vorliegenden Buches.

[2] Definition des Begriffes „Humangenetik“ von *Ferguson-Smith M. A. (2001): Human genetics. In Encyclopedia of genetics. Edited by Sidney Brenner and Jeffrey H. Miller. Verlag Academic Press. Seite 980.*

[3] Definition des Begriffes „Medizinische Genetik / Klinische Genetik“ von *Connor J. M. (2001): Clinical genetics. In Encyclopedia of genetics. Edited by Sidney Brenner and Jeffrey H. Miller. Verlag Academic Press. Seite 386.*

[4] *Ernst & Young (2000): Gründerzeit – Ernst & Youngs zweiter deutscher Biotechnologie Report 2000, Stuttgart.*

[5] Eine sehr übersichtliche Zusammenstellung der Definitionen der einzelnen Segmente der Biotechnologie bietet *Heidenreich B., Brand S., Enderle T., Jonischkeit B., Kazakidou G., Kramer I., Vilchez I., Reinhardt M. (2002): Satus Quo der Biotech-Szene in Deutschland. In Managment-Handbuch Biotechnologie herausgegeben von Herstatt C. und Müller C. Verlag Schäffer-Poeschel. Seite 5.* Ein empfehlenswertes Nachschlagewerk zur Thematik Biotechnologie und Gentechnik ist *Schmid R. D. (2002): Taschenatlas der Biotechnologie und Gentechnik. Verlag Wiley-VCH.*

[6] *Thomas P. D., Gilbert D. (2002): Beyond serendipity. The Scientist 25, Seite 12.*

[7] *Blobel G. (2002): Wichtig ist, dass man Ideen hat. Interview veröffentlicht im Laborjournal Heft 11, Seite 22.*

[8] *Brenner S. (2002): Eine seltsame Stimme aus der Prägenomik-Ära. Interview veröffentlicht im Laborjournal Heft 4, Seite 28.*

[9] *Siehe 6.*

[10] Aus dem Roman von *Houellebecq M. (2002): Elementarteilchen. Sonderausgabe 2002 im ECON Taschenbuchverlag.*

[11] Jedem, der sich genauer dafür interessiert, wie Gene identifiziert werden können, die im Zusammenhang mit der Entstehung einer bestimmten Krankheit stehen, möchte ich die dementsprechenden Ausführungen von Prof. Vogel im Zusammenhang mit Typ 2-Diabetes oder Schizophrenie empfehlen: *Vogel F. (2001): Vererbung und Milieu bei komplex (multifaktoriell) verursachten Krankheiten in Vererbung und Milieu. Herausgegeben von Wink M., Heidelberger Jahrbücher. Verlag Springer.*

Der Nutzen von neuen genetischen Daten

[1] *Eigen M. (1997): Was bleibt von der Biologie des 20. Jahrhunderts? In Was ist Leben. Die Zukunft der Biologie. Herausgegeben von Murphy M. P., O'Neill L. A. J. Spektrum Akademischer Verlag. Seite 15.*

[2] *Buselmaier W., Tariverdian G. (1999): Humangenetik. Springer Verlag. Seite 180.*

[3] *Young I. D. (1999): Introduction to risk calculation in genetic counseling. Verlag Oxford University Press. Seite 15.*

[4] *Murken J., Cleve H. (1996): Humangenetik. Ferdinand Enke Verlag. Seite 101.*

[5] *Young I. D. (1999): Introduction to risk calculation in genetic counseling. Verlag Oxford University Press. Seite 23.*

[6] Zitat aus *Young I. D. (1999): Introduction to risk calculation in genetic counseling. Verlag Oxford University Press. Seite 15.*

[7] Aktuelle Übersichtsartikel über Tuberöse Hirnsklerose sind zum Beispiel: *Hengstschläger M. (2001): The tuberous sclerosis complex genes: from flies to human genetics. Archives in Dermatological Research 293, Seite 383. Hengstschläger M., Rosner M. (2003) The cell cycle and tuberous sclerosis. Progress in cell cycle research. Volume 5, Chapter 5.*

[8] Karsten Henco ist zitiert in dem Artikel *Hanselmann U. (2002): Die Pharmaflüchtlinge. Die Zeit 20, Seite 79.*

Die „genetische" Therapie

[1] Beschreibungen sind an mehreren Stellen zu finden in *Scriver C. R., Beaudet A. L., Sly W. S., Valle D., Vogelstein B., Childs B., Kinzler K. W. (2001): The metabolic and molecular bases of inherited disease (8th edition). Verlag McGraw-Hill.*

[2] *Witkowski R., Prokop O., Ullrich E. (1999): Lexikon der Syndrome und Fehlbildungen. Verlag Springer. Seite 263; Nathan D. M. (2002): Clinical practice. Initial management of glycemia in type 2 diabetes mellitus. New England Journal of Medicine 24, Seite 1342.*

[3] *Schmid R. D. (2002): Taschenatlas der Biotechnologie und Gentechnik. Verlag Wiley-VCH. Seite 114.*

[4] *Drews J. (2002): Der Beitrag der Biotechnologie zur Auffindung und Entwicklung neuer Wirkstoffe. In Management-Handbuch Biotechnologie. Verlag Schäffer Poeschel. Seite 55.*

[5] *Schmid R. D. (2002): Taschenatlas der Biotechnologie und Gentechnik. Verlag Wiley-VCH. Seite 117; Dembrowsky K., Stadler P. (2000): Novel Therapeutic Proteins. Verlag Wiley-VCH.*

[6] Eine Grundkonzept in *Mieth D. (2002): Was wollen wir können? Ethik im Zeitalter der Biotechnik. Verlag Herder.*

[7] *Rosenberg S. A., Aebersold P., Cornetta K., Kasid A., Morgan R. A., Moen R., Karson E. M., Lotze M. T., Yang J. C., Topalian S. L. et al. (1990): Gene transfer into humans – immunotherapy of patients with advanced melanoma, using tumor-infiltrating lymphocytes modified by retroviral gene transduction. New England Journal of Medicine 30, Seite 570.*

[8] Ein Folgebericht über die Ergebnisse dieser Gentherapie ist zum Beispiel *Blaese R. M., Culver K. W., Miller A. D., Carter C. S., Fleisher T., Clerici M., Shearer G., Chang L., Chiang Y., Tolstoshev P. et al. (1995): T lymphocyte-directed gene therapy for ADA-SCID: inital trial results after 4 years. Science 270, Seite 475.*

[9] *Heinrich P. (2002): Aktuelle Entwicklungen in der Gentherapie. In Management-Handbuch Biotechnologie. Verlag Schäffer Poeschel. Seite 443.*

[10] Siehe 9.

[11] Der Fall Gelsinger ist aus wissenschaftsjournalistischer Sicht übersichtlich zusammengefasst in *Stollorz V. (2001): Tödliche*

Gentherapie. Patient Nummer 18. Zeitpunkte (Magazin Die Zeit) 3, Seite 74.

[12] Pros und Contras der Gentherapie zum Beispiel in *Stock G. (2000): Engineering the human germline. An exploration of the science and ethics of altering the genes we pass to our children. Verlag Oxford University Press; Manaranche R. (2001) Gene therapy. In Ethical eye: The human genome. Herausgegeben von J.-F. Mattei. Council of Europe Publishing; Spaemann R. (2002): Wer jemand ist, ist es immer. In Der Schutz des Menschen vor sich selbst. Herausgegeben von M. Fleischhacker. Verlag Styria, Seite 31.*

[13] Die Human Gene Transfer Database des National Institute of Health beinhaltet aktualisierte Listen der laufenden Gentherapiestudien und ist zu finden unter *www4.od.nih.gov/oba/rac/clinicaltrial.htm*

[14] *Hacein-Bey-Abina S., LeDeist F., Carlier F., Bouneaud C., Hue C., DeVillartay J. P., Thrasher A. J., Wulffraat N., Sorensen R., Dupuis-Girod S., Fischer A., Davies E. G., Kuis W., Leiva L., Cavazzana-Calvo M. (2002): Sustained correction of X-linked severe combined immunodeficiency by ex vivo gene therapy. New England Journal of Medicine 346, Seite 1185.*

[15] *Fraites T. J., Schleissing M. R., Shanely R. A., Walter G. A., Cloutier D. A., Zolotukhin I., Pauly D. F., Raben N., Plotz P. H., Powers S. K., Kessler P. D., Byrne B. J. (2002): Correction of the enzymatic and functional deficits in a model of Pompe disease using adeno-associated virus vectors. Molecular Therapy 5, Seite 571.*

Von der Therapie zur Prophylaxe

[1] Ein Appell, das Beste aus unseren Gene zu machen in *Hamer D. und Copeland P. (1998): Das unausweichliche Erbe. Wie unser Verhalten von unseren Genen bestimmt ist. Verlag Scherz.*

[2] Eine Übersicht über Möglichkeiten der „Prädiktiven Medizin" ist zu finden in *Dausset J. (2001): Predictive medicine. In Ethical eye: The human genome. Herausgegeben von J.-F. Mattei. Council of Europe Publishing.*

[3] *Scriver C. R., Beaudet A. L., Sly W. S., Valle D., Vogelstein B., Childs B., Kinzler K.W. (2001): The metabolic and molecular*

bases of inherited disease (8th edition). Verlag McGraw-Hill; Witkowski R., Prokop O., Ullrich E. (1999): Lexikon der Syndrome und Fehlbildungen. Verlag Springer. Es muss an dieser Stelle erwähnt werden, dass es verschiedene Formen von Phenylketonurie gibt und bei einer bestimmten Form diese spezifische Therapie nicht den erwünschten Erfolg bringt – Ausnahmen bestätigen die Regel.

4 *Nyhan W. L., Ozant P. T. (1998): Atlas of metabolic diseases. Verlag Chapman & Hall Medical; Witkowski R., Prokop O., Ullrich E. (1999): Lexikon der Syndrome und Fehlbildungen. Verlag Springer; Scriver C. R., Beaudet A. L., Sly W. S., Valle D., Vogelstein B., Childs B., Kinzler K.W. (2001): The metabolic and molecular bases of inherited disease (8th edition). Verlag McGraw-Hill.*

5 *Roses A. D. (2000): Genetic susceptibility to cardiovascular diseases. American Heart Journal 140, Seite 45; Luft F. C. (2001): Twins in cardiovascular genetic research. Hypertension 37, Seite 350; Rossouw J. E. (2002): Hormones, genetic factors, and gender differences in cardiovascular disease. Cardiovascular Research 53, Seite 550.*

6 *Primhak R. A., Tanner M. S. (2001): Alpha-1 antitrypsin deficiency. Archives of Disease in Childhood, 85, Seite 2.*

7 Der aktuelle Stand dieser Diskussion wurde von uns zusammengefasst in *Prusa A.-R., Hengstschläger M. (2003): Thrombophiliediagnostik – neue Chancen durch die Gendiagnostik auch für die Pränatalmedizin. Facts & Figures. International Zeitschrift für ärztliche Fortbildung (Update). Ausgabe März 2003.*

8 *Gerhardt A., Scharf R. E., Beckmann M. W., Struve S., Bender H. G., Pillny M., Sandmann W., Zotz R. B. (2000): Prothrombin and factor V mutations in women with a history of thrombosis during pregnancy and the puerperium. New England Journal of Medicine 342, Seite 374; Greer I. A. (2000): The challenge of thrombophilia in maternal-fetal medicine. New England Journal of Medicine 342, Seite 424.*

9 *Dizon-Townson D. S., Meline L., Nelson L. M., Varner M., Ward K. (1997): Fetal carriers of the factor V Leiden mutation are prone to miscarriage and placental infarction. American Journal of Obstetrics and Gynecology 177, Seite 402; Sibai B. M. (1999): Thrombophilias and adverse outcomes of pregnancy –*

what should a clinician do? New England Journal of Medicine 340, Seite 50.

[10] Literatur dazu ist auch zitiert in *Backos M., Rai R., Baxter N., Chilcott I. T., Cohen H., Regan L. (1999): Pregnancy complications in women with recurrent miscarriage associated with antiphospholipid antibodies treated with low dose aspirin and heparin. British Journal of Obstetrics and Gynaecology 106, Seite 102.*

[11] Das Thema genetische Pränataldiagnostik ist für jedermann leicht verständlich aufgearbeitet in *Hengstschläger M. (2001): Das ungeborene menschliche Leben und die moderne Biomedizin. Was kann man, was darf man? Verlag Wilhelm Maudrich, Wien-München-Bern.* Als aktuelles allgemeines Lehrbuch der Frauenheilkunde ist zu empfehlen *Husslein P., Bernaschek G., Huber J. C., Kubista E., Leodolter S. (2001): Lehrbuch der Frauenheilkunde. Verlag Maudrich. Wien-München-Bern.*

[12] *New M. I. (2001): Prenatal treatment of congenital adrenal hyperplasia. Pediatrics 107, Seite 804; Ozbey N. (2002): Pre-natal treatment of congenital adrenal hyperplasia and fetal malformations. Journal of Endocrinological Investigation 25, Seite 91.*

[13] *Agrawal P., Ogilvy-Stuart A., Lees C. (2002): Intrauterine diagnosis and management of congenital goitrous hypothyroidism. Ultrasound in Obstetrics and Gynecology 19, Seite 501.*

Die persönliche Medizin

[1] *Vogel F. (2001): Pharmakogenetik. Medizinische Genetik 3, Seite 241.*

[2] Übersichtsartikel, in denen viele solcher Beispiele nachzulesen sind: *Evans W. E., Johnson J. A. (2001): Pharmacogenomics: The inherited basis for interindividual differences in drug response. Annual Reviews in Genetics and Human Genomics 2, Seite 9; Wieczorek S. J., Tsongalis G. J. (2001): Pharmacogenomics: Will it change the field of medicine? Clinica Chimica Acta 308, Seite 1; Vogel F. (2001): Pharmakogenetik. Medizinische Genetik 3, Seite 241; Kalow W., Grant T. M. (2001): Pharamcogenetics. In Scriver C. R., Beaudet A. L., Sly W. S., Valle D., Vogelstein B., Childs B., Kinzler K. W. (2001): The metabolic and molecular bases of inherited disease (8th edition). Verlag McGraw-Hill; Furness M., Pollock K. (2001): Industry and the human genome, in*

Ethical eye: The human genome. Herausgegeben von J.-F. Mattei. Council of Europe Publishing, Seite 85.

3 *Meyer U. A. (2001): Pharmakogenomik. Medizinische Genetik 3, Seite 246.*

4 *The international SNP map working group (2001): A map of the human genome sequence variation containing 1.4 million single nucleotide polymorphisms. Nature 409, Seite 928.*

5 Ein übersichtlicher Artikel in deutscher Sprache mit relevanten Sekundärliteraturzitaten zum Thema SNP-Analysen ist *Foernzler D. (2001): Single Nucleotide Polymorphismen (SNPs) – kleine genetische Unterschiede mit großer Wirkung. Medizinische Genetik 13, Seite 252;* weiters empfehlenswert: *Petricoin E. F., Hackett J. L., Lesko L. J., Puir R. K., Gutman S. I., Chumakov K., Woodcock J., Feigal D. W., Zoon K. C., Sistare F. D. (2002): Medical applications of microarray technologies: a regulatory science perspective. Nature Genetics 32, Seite 474.*

6 Das Prinzip ist nachzulesen in *Bell R. (2002): What can we learn from Herceptin trials in metastatic breast cancer? Oncology 63, Seite 39; Smith I. E. (2002): New drugs for breast cancer. Lancet 360, Seite 790.*

7 *Wickware P. (2002): Phenotype database opens for business. The Scientist 14, Seite 18.*

Teil 3: Die Auswirkungen

Machen Gentests krank?

1 Das Thema BRCA1 und Brustkrebsprädisposition wurde im Kapitel „Die genetische Neigung zum Krankwerden" diskutiert. Siehe auch *Welsch P. L., King M.-C. (2001): BRCA1 and BRCA2 and the genetics of breast and ovarian cancer. Human Molecular Genetics 10, Seite 705; Venkitaraman A. R. (2002): Cancer susceptibility and the function sof BRCA1 and BRCA2. Cell 108, Seite 171*; oder von unserer Arbeitsgruppe: *Kubista M., Rosner M., Miloloza A., Hofer K., Prusa A.-R., Kroiss R., Marton E., Hengstschläger M. (2002): BRCA1 and differentiation. Reviews in Mutation Research 512, Seite 165.*

[2] *Berth H. (2002): Gentests im Internet. Entwicklungen mit Risiken. Deutsches Ärzteblatt 40, Seite 2082.*

[3] Die Geschichte von Nancy Wexler, die selbst eine Risikopatientin ist und, obwohl sie jahrzehntelang für die Entwicklung des entsprechenden Gentests gekämpft hat, vor der Diagnose zurückschreckt, ist beschrieben in *Schneider R. U. (2001): Wissen ist Ohnmacht. Die Zeit (Magazin Zeitpunkte), Seite 44.*

[4] *Dölling D., Hermann D. (2001): Anlage und Umwelt aus der Sicht der Kriminologie; in Vererbung und Milieu. Herausgegeben von Wink M., Heidelberger Jahrbücher. Verlag Springer. Seite 153.*

Genetik und die neuen Normen

[1] *Weizsäcker C. F. von (1974): Die Einheit der Natur. Verlag DTV. Seite 27.*

[2] *NewScientist (2001): Gender – Why to sexes are not enough. Ausgabe Nummer 2290.*

[3] *Cull M. (2002): Treatment of intersex needs open discussion. British Medical Journal 324, Seite 919.* Die ethischen Aspekte dieser Frage sind nachzulesen in *Dormurat A. (1999): Interesex in the Age of Ethics. Verlag Dreger, University Publishing Group.* Internetadressen, in denen medizinische Erklärungen und Hilfestellungen für den Bereich abnormale sexuelle Entwicklung angeboten werden, sind: *www.med.jhu.edu/pedendo/intersex/* oder *www.ukia.co.uk* oder *www.isna.org.*

[4] Siehe 2 und 3.

[5] Es sei an dieser Stelle erwähnt, dass sich das fünfte Kapitel des Buches *Hamer D. und Copeland P. (1998): Das unausweichliche Erbe. Wie unser Verhalten von unseren Genen bestimmt ist. Verlag Scherz.* ausschließlich mit der Frage Genetik versus Umwelt im Zusammenhang mit Sexualität beschäftigt.

[6] Nachzulesen in *Colapinto J. (2000): As nature made him: the boy who was raised as a girl. Verlag Harper Collins; Fausto-Sterling A. (1999): Sexing the body: gender politics and the construction of sexualtiy. Verlag Basic Books; NewScientist (2001): Gender – Why to sexes are not enough. Ausgabe Nummer 2290.*

[7] *Cohen-Kettenis P. T., Gooren L. J. G. (1999): Transsexualism: a review of etiology, diagnosis and treatment. Journal of Psychosomatic Research 46, Seite 315.*

[8] *Hengstschläger M., van Trotsenburg M., Repa C., Marton E., Huber J. C., Bernaschek G. (2003): Sex chromosome aberrations and transsexualism. Fertility and Sterility 79, No. 3.*

Der Gentest weiß mehr

[1] Siehe zum Beispiel wissenschaftliche Veröffentlichungen meiner Arbeitsgruppe zu diesem Thema: *Soucek T., Pusch O., Wienecke R., DeClue J. E., Hengstschläger M. (1997): Role of the tuberous sclerosis gene-2 product in cell cycle control. Journal of Biological Chemistry 272, Seite 29301; Soucek T., Yeung R. S., Hengstschläger M. (1998): Inactivation of cyclin-dependent kinase inhibitor p27 upon loss of the tuberous sclerosis complex gene-2. Proceedings of the National Academy of Science 95, Seite 15653; Miloloza A., Rosner M., Nellist M., Halley D., Bernaschek G., Hengstschläger M. (2000): The TSC1 gene product, hamartin, negatively regulates cell proliferation. Human Molecular Genetics 9, Seite 1721.*

[2] Detaillierter nachzulesen unter *http://www.science.orf.at/science/news* vom 19.1.2002.

[3] Hengstschläger M., Rosner M. (2003) The cell cycle and tuberous sclerosis. Progress in cell cycle research. Volume 5, Chapter 5.

[4] Ein aktueller Übersichtsartikel über Tuberöse Hirnsklerose ist zum Beispiel: *Hengstschläger M. (2001): The tuberous sclerosis complex genes: from flies to human genetics. Archives in Dermatological Research 293, Seite 383.*

[5] Nähere Informationen zur Tuberösen Hirnsklerose inklusive aktueller wissenschaftlicher Ergebnisse, aber auch Familiengeschichten Betroffener können angefordert werden bei der „National Tuberous Sclerosis Association“, Internet: http://www.ntsa.org; E-Mail: ntsa@ntsa.org

Die genetischen Kasten

[1] *Pöltner G. (2002): Grundkurs Medizin-Ethik. Verlag UTB Facultas. Seite 141.*

[2] *Reilly P. R. (2001): Legal issues in genomic medicine. Nature Medicine 7, Seite 268.*

[3] *Irrgang B. (1996): Genethik, in Angewandte Ethik. Die Bereichsethiken und ihre theoretische Fundierung, herausgegeben von Nida-Rümelin J., Verlag Kröner, Seite 539.*
[4] *Schönbauer R. (2001): Gen-Verunsicherung. Der Standard (Österreichische Tageszeitung), Dezember 2001.*
[5] *Plomin R., McGuffin P. (2002): Psychopathology in the postgenomic era. Annual Reviews in Psychology 6.*
[6] *Fukuyama F. (2002): Das Ende des Menschen. Deutsche Verlags-Anstalt. Seite 220.*

Die Pharmaindustrie und die Gentechnik

[1] *Robbins-Roth C. (2000): From Alchemy to IPO. The Business of Biotechnology. Verlag Perseus Publishing.*
[2] *Rohmann S., Harms F., Scheidegger A., Kling G. (2002): Entwicklungen im Pharmamarkt unter besonderer Berücksichtigung der Biotechnologie. In Management-Handbuch Biotechnologie. Verlag Schäffer Poeschel. Seite 63.*
[3] *White C. (2002) What do you think is a non-disease? Summary of responses. British Medical Journal 324, Seite 912.*
[4] *Fukuyama F. (2002): Das Ende des Menschen. Deutsche Verlags-Anstalt. Kapitel 3: Neuropharmakologie und Verhaltenskontrolle.*
[5] Pro und Contra dieser Diskussion – nachzulesen bei: *Hooper M. (2002) What do you think is a non-disease? Diet, lifestyle, exercise, spirituality, and the search for meaning are ignored at our peril. British Medical Journal 324, Seite 912; Dunbar D. (2002) What do you think is a non-disease? Defining non-disease to avoid medicalisation is throwing the baby out with the bath water. British Medical Journal 324, Seite 912.*
[6] *Mehlman M. J. (2001): The effect of genomics on health services management: ethical and legal perspectives. Frontiers of Health Service Management 17, Seite 17; Schramme T. (2002): Bioethik. Campus Einführungen. Campus Verlag, Seite 143.*
[7] *Flöhl R. (2002): Eine Krankheit für jede Pille. Frankfurter Allgemeine Zeitung. 30.4.2002, Seite N2.*

Was darf man selbst bestimmen?

[1] *Habermas J. (2001): Die Zukunft der menschlichen Natur. Verlag Suhrkamp. Seiten 109 und 111.*

[2] Diskussionen dieser Aspekte sind an den verschiedensten Stellen zu finden: *Nida-Rümelin J. (1996): Angewandte Ethik. Die Bereichsethiken und ihre theoretische Fundierung. Alfred Kröner Verlag; Rager G. (1998): Beginn, Personalität und Würde des Menschen. Verlag Karl Alber; Hengstschläger M. (2001): Das ungeborene menschliche Leben und die moderne Biomedizin. Was kann man, was darf man? Verlag Wilhelm Maudrich, Wien-München-Bern; Mieth D. (2002): Was wollen wir können? Ethik im Zeitalter der Biotechnik. Verlag Herder; Pöltner G. (2002): Grundkurs Medizin-Ethik. Verlag UTB Facultas; Schramme T. (2002): Bioethik. Campus Einführungen. Campus Verlag.*

[3] Diese Geschichte ist auch nachzulesen bei *Spiewak M., Viciano A. (2002): Wunschkind. Die Zeit 18, Seite 27 vom 25. 4. 2002* beziehungsweise unter *www.zeit.de/2002/18/gehoerlos.*

[4] *Müller H. (2001): Zur Theorie der Krankheit – Gedanken zum Phänotyp im Zeitalter der Genomforschung. Medizinische Genetik 13, Seite 302; Davies D. S. (2001): Genetic dilemmas. Reproductive technology, parental choices, and children's futures. Verlag Routledge; Spiewak M., Viciano A. (2002): Wunschkind. Die Zeit 18, Seite 27 vom 25. 4. 2002.*

[5] *Strasser P. (2002): Kategorien des Unantastbaren. Würde, Autonomie, Kreatürlichkeit. In Der Schutz des Menschen vor sich selbst. Eine Ethik zum Leben. Herausgegeben von M. Fleischhacker. Verlag Styria. Seite 60.*

[6] *Schramme T. (2002): Bioethik. Campus Einführungen. Campus Verlag. Seite 65.*

Die Selektion – vom Flirt zur Präimplantationsdiagnostik

[1] Dieses Interview ist nachzulesen in: *Epping B. (2002): Lieber gleich die Wahrheit sagen. Interview mit Davor Solter. Spektrum der Wissenschaft. Dossier Gene. Klone. Fortpflanzung 4, Seite 44.*

[2] *Schrödinger E. (1944): What is life? The Physical Aspect of the Living Cell. Verlag Cambridge University Press.*

[3] *Eigen M. (1997): Was bleibt von der Biologie des 20. Jahrhunderts? In Was ist Leben. Die Zukunft der Biologie. Herausgegeben von Murphy M. P., O'Neill L. A. J. Spektrum Akademischer Verlag. Seite 20.*

[4] Für alle, die in die Schriften und Lehren von Charles Darwin einsteigen möchten, empfehle ich das hervorragende Auswahlwerk von *Ridley M. (1996): Darwin lesen. Eine Auswahl aus seinem Werk. DTV Verlag.*

[5] Die aktuellen molekularbiologischen Fortschritte im Bereich der Pränatalmedizin sind nachzulesen bei: *Miny P., Tercanli S., Holzgreve W. (2002): Developments in laboratory techniques for prenatal diagnosis. Current Opinion in Obstetrics and Gynecology 14, Seite 161; Bui T.-H., Blennow E., Nordenskjöld M. (2002): Prenatal diagnosis: molecular genetics and cytogenetics. Best Practice and Research Clinical Obstetrics and Gynaecology 16, Seite 629; Hengstschläger M., Prusa A.-R., Rosner M., Marton E. (2003): Genetics and biochemistry in prenatal medicine: molecular research and diagnostic developments, in Recent Research Developments in Biochemistry. 3rd issue. Verlag Research Signpost.*

[6] Eine aktuelle Übersicht über den Bereich Pränatalmedizin bietet der Teil „Pränatale Diagnostik und Therapie" auf den Seiten 255-319 des Lehrbuches: *Husslein P., Bernaschek G., Huber J. C., Kubista E., Leodolter S. (2001): Lehrbuch der Frauenheilkunde. Verlag Maudrich. Wien-München-Bern.*

[7] *Bodden-Heidrich R., Cremer T., Decker K., Hepp H., Jäger W., Rager G., Wickler W. (1998): Beginn und Entwicklung des Menschen: Biologisch-medizinische Grundlagen und ärztlich-klinische Aspekte, in Beginn, Personalität und Würde des Menschen herausgegeben von G. Rager, Verlag Karl Alber, Seite 124.*

[8] *Bernaschek G. (2001): Pränatale Ethik. In Lehrbuch der Frauenheilkunde. Herausgegeben von Husslein P., Bernaschek G., Huber J. C., Kubista E., Leodolter S. Verlag Wilhelm Maudrich. Seite 315.*

[9] Aus wissenschaftlicher Sicht ein hervorragendes Buch zum Thema Präimplantationsdiagnostik ist: *Harper J. C., Delhanty J. D. A., Handyside A. H. (2001): Preimplantation Genetic diagnosis. Verlag John Wiley & Son;* ein weiterer aktueller Übersichtsartikel ist: *Munne S., Wells D. (2002): Preimplantation genetic diagnosis. Current Opinion in Obstetrics and Gynecology 14, Seite 239.*

[10] Vergleiche der rechtlichen Situation betreffend Präimplantationsdiagnostik in verschiedenen Ländern sind zu finden in: *Koch H.-G. (2000): Fortpflanzungsmedizin im europäischen Rechtsvergleich, in Fortpflanzungsmedizin – Ethik und Rechtspolitik. Schriftenreihe des österreichischen Bundesministeriums für Justiz 105, Seite 45; Mieth D. (2002): Was wollen wir können? Ethik im Zeitalter der Biotechnik. Verlag Herder.*

[11] *Körtner U. H. J. (2001): The challenge of genetic engineering to medical anthropology and ethics. Human Reproduction and Genetic Ethics 7, Seite 21.*

Teil 4: Die Umsicht

Der Blick in die Kristallkugel

[1] *Mattei J.-F. (2001): Introduction in Ethical eye: The human genome. Herausgegeben von J.-F. Mattei. Council of Europe Publishing.* Dieses Buch ist Teil einer Serie zu den ethischen Fragen wissenschaftlichen und technologischen Fortschritts, veröffentlicht vom Council of Europe.

[2] *Stellungnahme der Senatskommission für Grundsatzfragen der Genforschung der Deutschen Forschungsgemeinschaft (1999): Humangenomforschung und prädiktive Diagnostik – Empfehlungen. Medizinische Genetik 11, Seite 551.*

[3] *Schramme T. (2002): Bioethik. Campus Einführungen. Campus Verlag, Seite 32; Mieth D. (2002): Was wollen wir können? Ethik im Zeitalter der Biotechnik. Verlag Herder, Seite 84.*

[4] Siehe zum Beispiel: *Mannhalter C., Druml C., Singer E. A, Ethik-Kommission der Medizinischen Fakultät der Universität Wien und des Allgemeinen Krankenhauses der Stadt Wien – AKH (2001): Practice guidelines for formulation of patient or subject information and for the declaration of consent in genetic studies (inclusive of pharmaceutical genetics). Wiener Klinische Wochenschrift 113, Seite 867.*

[5] *Irrgang B. (1996): Genethik, in Angewandte Ethik. Die Bereichsethiken und ihre theoretische Fundierung, herausgegeben von Nida-Rümelin J., Verlag Kröner, Seite 536.*

[6] *Pöltner G. (2002): Grundkurs Medizin-Ethik. Verlag UTB Facultas, Seite 93; Schramme T. (2002): Bioethik. Campus Einführungen. Campus Verlag, Seite 45; Irrgang B. (1996): Genethik, in Angewandte Ethik. Die Bereichsethiken und ihre theoretische Fundierung, herausgegeben von Nida-Rümelin J., Verlag Kröner, Seite 536.*

Die genetische Beratung

[1] Die verschiedensten Aspekte der genetischen Beratung sind nachzulesen in: *Theile U. (1992): Checkliste Genetische Beratung. Thieme Verlag; Gardner R. J. M., Sutherland G. R. (1996): Chromosome abnormalities and genetic counseling. Oxford University Press; Young I. D. (1999): Introduction to risk calculation in genetic counseling. Verlag Oxford University Press; Wüstner K. (2000): Genetische Beratung. Risiken und Chancen. Psychiatrie-Verlag.*

[2] *Lewis J. A. (2001): Shaping the foundation for future nursing practice. Unerstanding genetics. AWHONN Lifelines 5, Seite 51.*

[3] Siehe 1.

[4] *Teichert W. (1996): Journalistische Verantwortung: Medienethik als Qualitätsproblem, in Angewandte Ethik. Die Bereichsethiken und ihre theoretische Fundierung, herausgegeben von Nida-Rümelin J., Verlag Kröner.*

[5] *Reilly P. R. (2001): Legal issues in genomic medicine. Nature Medicine 7, Seite 268.*

[6] *Murken J., Cleve H. (1996): Humangenetik. Ferdinand Enke Verlag, Seite 151; Buselmaier W., Tariverdian G. (1999): Humangenetik. Springer Verlag, Seite 305*; siehe aber auch 1.

[7] *Robertson J. A. (2001): Consent and privacy in pharmacogenetic testing. Nature Genetics 28, Seite 207.*

Der wissenschaftliche Weg

[1] Aus der Berliner Rede des deutschen Bundespräsidenten Johannes Rau im Mai 2001: *Rau J. (2001): Wird alles gut? – Für einen Fortschritt nach menschlichem Maß. In Die Genkontroverse. Herausgegeben von Graumann S. Verlag Herder Spektrum.* Im Vorwort dieses Buches bezeichnet Sigrid Graumann diese Rede als „wichtigen Meilenstein der deutschen Bioethikdebat-

te“: *Graumann S. (2001): Die Genkontroverse. Verlag Herder Spektrum.*

[2] *Kuhn T. S. (1970): The structure of scientific revolutions. 2nd edition, enlarged. The University of Chicago Press.*

[3] Fragen wie diesen sind ganze Bücher gewidmet wie zum Beispiel: *Kuhn T. S. (1970): The structure of scientific revolutions. 2nd edition, enlarged. The University of Chicago Press; Knorr-Cetina K. (1984): Die Fabrikation von Erkenntnis. Verlag Suhrkamp.*

[4] *Huber J. (2000): Geheimakte Leben. Wie die Biomedizin unser Leben und unsere Weltsicht verändert. Verlag Knecht.*

[5] *Virt G. (2002): Die Spaltung des Menschlichen im Horizont der modernen Lebenswissenschaften, in Stammzellenforschung und therapeutisches Klonen, herausgegeben von Oduncu F. S., Schroth U., Vossenkuhl W., Verlag Vandenhoeck & Ruprecht.*

[6] *Cohen H. (2002): When research yields lemons ... New journal looking for the normally unprinted. The Scientist 8, Seite 8.*

[7] Fukuyama F. (2002): Das Ende des Menschen. Deutsche Verlags-Anstalt. Seiten 263 und 281.

[8] Siehe 7.

[9] *Mieth D. (2001): Organisierte Ethik in den Lebenswissenschaften. Medizinische Genetik 13, Seite 299.*

[10] Siehe zum Beispiel: *Lehmann K. (2001): „Das Recht ein Mensch zu sein“. Zur Grundfrage der gegenwärtigen bioethischen Probleme. Pressemitteilung der Deutschen Bischofskonferenz. 24. 9. 2001; Körtner U. H. J., Bünker M. (2001): Verantwortung für das Leben. Eine evangelische Denkschrift zu Fragen der Biomedizin. Evangelischer Presseverband in Österreich.*

[11] *Spaemann R. (2002): Wer jemand ist, ist es immer. In Der Schutz des Menschen vor sich selbst. Eine Ethik zum Leben. Herausgegeben von M. Fleischhacker. Verlag Styria, Seite 37.*

Was können wir uns leisten?

[1] *Reilly P. R. (2001): Legal issues in genomic medicine. Nature Medicine 7, Seite 268.*

[2] *Schramme T. (2002): Bioethik. Campus Einführungen. Campus Verlag, Seite 119.*

[3] *Haslberger A. G. (2002): Fortschritt für alle? Österreichische Ärztezeitung 15/16, Seite 34.*

[4] Siehe 3. Eine WHO Studie zu „genomics and world health“ ist zu finden unter *http://www3.who.int/whosis/genomics/pdf/genomics_report.pdf*

[5] *Pöltner G. (2002): Grundkurs Medizin-Ethik. Verlag UTB Facultas. Seite 287; Schramme T. (2002): Bioethik. Campus Einführungen. Campus Verlag, Seite 119.*

[6] *Frost & Sullivan (2001): Der US-Markt für genetische Diagnostik. Presseinformation vom 1. 11. 2001. www.healthcare.frost.com*

[7] *Peakman T., Arlington S. (2001): Putting the code to work: The promise of pharmacogenetics and pharmacogenomics. Price Waterhouse Coopers Pharmaceutical Consulting Practice.*

[8] *Mieth D. (2002): Was wollen wir können? Ethik im Zeitalter der Biotechnik. Verlag Herder, Seite 304.*

[9] *Mattei J.-F. (2001): Introduction in Ethical eye: The human genome. Herausgegeben von J.-F. Mattei. Council of Europe Publishing.*

[10] So beschweren sich zum Beispiel gerade amerikanische Grundlagenwissenschaftler über Patente, die ihrer Meinung nach zu „breit“ sind und daher Grundlagenwissenschaft behindern. Nachzulesen bei *Brickley P. (2002): New patent worries professors. The Scientist 22, Seite 19.*

Die Bevormundung der Genetik

[1] *Hill A. V. (2001): The genomics and genetics of human infectious disease susceptibility. Annual Review of Genomics in Human Genetics 2, Seite 237; Cooke S. G., Hill A. V. S. (2001): Genetics of susceptibility to human infectious disease. Nature Reviews 2, Seite 967; Blackwell J. M. (2001): Genetics and genomics in infectious disease susceptibility. Trends in Molecular Medicine 7, Seite 521.*

[2] *Witkowski R., Prokop O., Ullrich E. (1999) Lexikon der Syndrome und Fehlbildungen. Verlag Springer. Seite 263.*

[3] *Donnai D., Karmiloff-Smith A. (2000): Williams syndrome: from genotype through to the cognitive phenotype. American Journal of Medical Genetics 97, Seite 164; Bates E., Tager-Flus-*

berg H., Vicari S., Volterra V. (2001): Debate over languages link with intelligence. Nature 413, Seite 565; Bohning M., Campbell R., Karmiloff-Smith A. (2002): Audiovisual speech perception in Williams syndrome. Neuropsychologia 40, Seite 1396; Nazzi T., Karmillof-Smith A. (2002): Early categorization abilities in young children with Williams syndrome. Neuroreport 19, Seite 1259.

Die unbekannte Zukunft

1 *Lem S. (2001): Riskante Konzepte. Verlag Insel. Seite 92.*

2 Nachzulesen bei *Gottweis H. (2000): Die unendliche Geschichte. Gentechnik-Debatte. Heureka! Das Wissenschaftsmagazin im Falter 1, Seite 19.*

Teil 5: Die Hoffnung

Der Weg aus dem genetischen Determinismus

1 *Robbins-Roth C. (2000): From Alchemy to IPO. The Business of Biotechnology. Verlag Perseus Publishing; Furness M., Pollock K. (2001): Industry and the human genome, in Ethical eye: The human genome. Herausgegeben von J.-F. Mattei. Council of Europe Publishing, Seite 85.*

Literatur

Agrawal P., Ogilvy-Stuart A., Lees C. (2002): Intrauterine diagnosis and management of congenital goitrous hypothyroidism. Ultrasound in Obstetrics and Gynecology 19, Seite 501.

Avery O. T., McLeod C. M., McCarthy M. (1944): Induction of Transformation by a Desoxyribonucleic Acid Fraction Isolated from Pneumococcus Type III. Journal of Experimental Medicine 79, Seite 139.

Backos M., Rai R., Baxter N., Chilcott I. T., Cohen H., Regan L. (1999): Pregnancy complications in women with recurrent miscarriage associated with antiphospholipid antibodies treated with low dose aspirin and heparin. British Journal of Obstetrics and Gynaecology 106, Seite 102.

Bates E., Tager-Flusberg H., Vicari S., Volterra V. (2001): Debate over languages link with intelligence. Nature 413, Seite 565.

Beck M. (2001): Hippokrates am Scheideweg. Medizin zwischen naturwissenschaftlichem Materialismus und ethischer Verantwortung. Verlag Schöningh.

Bell R. (2002): What can we learn from Herceptin trials in metastatic breast cancer? Oncology 63, Seite 39.

Beral V., Banks E., Reeves G. (2002): Evidence from randomised trials on the long-term effects of hormone replacement therapy. The Lancet 360, Seite 942.

Bernaschek G. (2001): Pränatale Ethik. in Lehrbuch der Frauenheilkunde Hg. Husslein P., Bernaschek G., Huber J. C., Kubista E., Leodolter S. Verlag Wilhelm Maudrich. Seite 315.

Berth H. (2002): Gentests im Internet. Entwicklungen mit Risiken. Deutsches Ärzteblatt 40, Seite 2082.

Berufsverband Medizinische Genetik (2002): QS-Datenbank. Molekulargenetische Diagnostik. Medizinische Genetik 14, Seite 397.

Blackwell J. M. (2001): Genetics and genomics in infectious disease susceptibility. Trends in Molecular Medicine 7, Seite 521.

Blaese R. M., Culver K. W., Miller A. D., Carter C. S., Fleisher T., Clerici M., Shearer G., Chang L., Chiang Y., Tolstoshev P. et al. (1995): T lymphocyte-directed gene therapy for ADA-SCID: inital trial results after 4 years. Science 270, 475.

Blobel G. (2002): Wichtig ist, dass man Ideen hat. Interview veröffentlicht im Laborjournal Heft 11, Seite 22.
Bodden-Heidrich R., Cremer T., Decker K., Hepp H., Jäger W., Rager G., Wickler W. (1998): Beginn und Entwicklung des Menschen: Biologisch-medizinische Grundlagen und ärztlich-klinische Aspekte, in Beginn, Personalität und Würde des Menschen, herausgegeben von G. Rager, Verlag Karl Alber.
Bohning M., Campbell R., Karmiloff-Smith A. (2002): Audiovisual speech perception in Williams syndrome. Neuropsychologia 40, Seite 1396.
Brenner S. (2002): Eine seltsame Stimme aus der Prägenomik-Ära. Interview veröffentlicht im Laborjournal Heft 4, Seite 28.
Brickley P. (2002): New patent worries professors. The Scientist 22, Seite 19.
Bui T.-H., Blennow E., Nordenskjöld M. (2002): Prenatal diagnosis: molecular genetics and cytogenetics. Best Practice and Research Clinical Obstetrics and Gynaecology 16, Seite 629.
Buselmaier W., Tariverdian G. (1999): Humangenetik. Springer Verlag.
Cohen H. (2002): When research yields lemons ... New journal looking for the normally unprinted. The Scientist 8, Seite 8.
Cohen-Kettenis P. T., Gooren L. J. G. (1999): Transsexualism: a review of etiology, diagnosis and treatment. Journal of Psychosomatic Research 46, Seite 315.
Colapinto J. (2000): As nature made him: the boy who was raised as a girl. Verlag Harper Collins.
Collins F. S., Ginsburg D. (1998): Principles of medical genetics. Verlag Williams & Wilkins.
Cooke S. G., Hill A. V. S. (2001): Genetics of susceptibility to human infectious disease. Nature Reviews 2, Seite 967.
Connor J. M. (2001): Clinical genetics. in Encyclopedia of genetics. Edited by Sidney Brenner and Jeffrey H. Miller. Verlag Academic Press. Seite 386.
Cull M. (2002): Treatment of intersex needs open discussion. British Medical Journal 324, Seite 919.
Dausset J. (2001): Predictive medicine. in Ethical eye: The human genome. Herausgegeben von J.-F. Mattei. Council of Europe Publishing.

Davies D. S. (2001): Genetic dilemmas. Reproductive technology, parental choices, and children's futures. Routledge.

Dembrowsky K., Stadler P. (2000): Novel Therapeutic Proteins. Verlag Wiley-VCH.

Dizon-Townson D. S., Meline L., Nelson L. M., Varner M., Ward K. (1997): Fetal carriers of the factor V Leiden mutation are prone to miscarriage and placental infarction. American Journal of Obstetrics and Gynecology 177, 402.

Dölling D., Hermann D. (2001): Anlage und Umwelt aus der Sicht der Kriminologie; in Vererbung und Milieu. herausgegeben von Wink M., Heidelberger Jahrbücher. Verlag Springer. Seite 153.

Donnai D., Karmiloff-Smith A. (2000): Williams syndrome: from genotype through to the cognitive phenotype. American Journal of Medical Genetics 97, Seite 164.

Dormurat A. (1999): Interesex in the Age of Ethics. Verlag Dreger, University Publishing Group.

Dracopoli N. C., Haines J. L., Korf B. R., Moir D. T., Morton C. C., Seidman C. E., Seidman J. G., Smith D. R. (updates): Current protocols in human genetics. Verlag John Wiley & Sons.

Drews J. (2002): Der Beitrag der Biotechnologie zur Auffindung und Entwicklung neuer Wirkstoffe. In Management-Handbuch Biotechnologie. Verlag Schäffer Poeschel. Seite 55.

Dunbar D. (2002) What do you think is a non-disease? Defining non-disease to avoid medicalisation is throwing the baby out with the bath water. British Medical Journal 324, Seite 912.

Eibl-Eibesfeldt I. (1976): Der vorprogrammierte Mensch. Das Ererbte als bestimmender Faktor im menschlichen Verhalten. Verlag DTV. Seite 20.

Eigen M. (1997): Was bleibt von der Biologie des 20. Jahrhunderts? in Was ist Leben. Die Zukunft der Biologie. herausgegeben von Murphy M. P., O´Neill L. A. J. Spektrum Akademischer Verlag.

Epping B. (2002): Lieber gleich die Wahrheit sagen. Interview mit Davor Solter. Spektrum der Wissenschaft. Dossier Gene.Klone.Fortpflanzung 4, Seite 44.

Ernst & Young (2000): Gründerzeit – Ernst & Youngs zweiter deutscher Biotechnologie Report 2000, Stuttgart.
Evans W. E., Johnson J. A. (2001): Pharmacogenomics: The inherited basis for interindividual differences in drug response. Annual Reviews in Genetics and Human Genomics 2, Seite 9.
Fausto-Sterling A. (1999): Sexing the body: gender politics and the construction of sexualtiy. Verlag Basic Books.
Ferguson-Smith M. A. (2001): Human genetics. in Encyclopedia of genetics. Edited by Sidney Brenner and Jeffrey H. Miller. Verlag Academic Press. Seite 980.
Fesch C. (2000): Genetische Tests. Wie funktionieren sie, und was sagen sie aus? Verlag Ratgeber Fischer.
Fleischhacker M. (2002): Der Schutz des Menschen vor sich selbst. Eine Ethik zum Leben. Verlag Styria.
Flöhl R. (2002): Eine Krankheit für jede Pille. Frankfurter Allgemeine Zeitung. 30. 4. 2002, Seite N2.
Foernzler D. (2001): Single Nucleotide Polymorphismen (SNPs) – kleine genetische Unterschiede mit großer Wirkung. Medizinische Genetik 13, Seite 252.
Fox Keller E. (2001): Das Jahrhundert des Gens. Verlag Campus Fachbuch.
Fraites T. J., Schleissing M. R., Shanely R. A., Walter G. A., Cloutier D. A., Zolotukhin I., Pauly D. F., Raben N., Plotz P. H., Powers S. K., Kessler P. D., Byrne B. J. (2002): Correction of the enzymatic and functional deficits in a model of Pompe disease using adeno-associated virus vectors. Molecular Therapy 5, 571.
Frost & Sullivan (2001): Der US-Markt für genetische Diagnostik. Presseinformation vom 1. 11. 2001. www.healthcare.frost.com
Fukuyama F. (2002) Das Ende des Menschen. Deutsche Verlags-Anstalt.
Furness M., Pollock K. (2001): Industry and the human genome, in Ethical eye: The human genome. Herausgegeben von J.-F. Mattei. Council of Europe Publishing, Seite 85.
Gabriel S. B., Salomon R., Pelet A., Angrist M., Amiel J., Fornage M., Attie-Bitach T., Olson J. M., Hofstra R., Buys C., Steffann J., Munnich A., Lyonnet S., Chakravarti A. (2002):

Segregation at three loci explains familial and population risk in Hirschsprung disease. Nature Genetics 31, Seite 89.

Gardner R. J. M., Sutherland G. R. (1996): Chromosome abnormalities and genetic counseling. Oxford University Press.

Gelehrter T. D., Collins F. S., Ginsburg D. (1998): Principles of medical genetics. Verlag Williams & Wilkins.

Gerhardt A., Scharf R. E., Beckmann M. W., Struve S., Bender H. G., Pillny M., Sandmann W., Zotz R. B. (2000): Prothrombin and factor V mutations in women with a history of thrombosis during pregnancy and the puerperium. New England Journal of Medicine 342, Seite 374.

Gottweis H. (2000): Die unendliche Geschichte. Gentechnik-Debatte. Heureka! Das Wissenschaftsmagazin im Falter 1, Seite 19.

Gratacos M., Nadal M., Martin-Santos R., Pujana M.A., Gago J., Peral B., Armengol L., Ponsa I., Miro R., Bulbena A., Estivill X. (2001): A polymorphic genomic duplication on human chromosome 15 is a susceptibility factor for panic and phobic disorders. Cell 106, Seite 367.

Graumann S. (2001): Die Genkontroverse. Verlag Herder Spektrum.

Greer I. A. (2000): The challenge of thrombophilia in maternal-fetal medicine. New England Journal of Medicine 342, Seite 424.

Habermas J. (2001): Die Zukunft der menschlichen Natur. Verlag Suhrkamp.

Hacein-Bey-Abina S., LeDeist F., Carlier F., Bouneaud C., Hue C., DeVillartay J.P., Thrasher A. J., Wulffraat N., Sorensen R., Dupuis-Girod S., Fischer A., Davies E. G., Kuis W., Leiva L., Cavazzana-Calvo M. (2002): Sustained correction of X-linked severe combined immunodeficiency by ex vivo gene therapy. New England Journal of Medicine 346, 1185.

Hamer D., Hu S., Magnuson V. L., Hu N., Pattatucci A. M. (1993): A linkage between DNA markers on the X chromosome and male sexual orientation. Science 261, Seite 321.

Hamer D. und Copeland P. (1998): Das unausweichliche Erbe. Wie unser Verhalten von unseren Genen bestimmt ist. Verlag Scherz.

Hamer D. (2002): Rethinking behavior genetics. Science 298, Seite 71.
Hanselmann U. (2002): Die Pharmaflüchtlinge. Die Zeit 20, Seite 79.
Harper J. C., Delhanty J. D. A., Handyside A. H. (2001): Preimplantation Genetic diagnosis. Verlag John Wiley & Son.
Haslberger A. G. (2002): Fortschritt für alle? Österreichische Ärztezeitung 15/16, Seite 34.
Heidenreich B., Brand S., Enderle T., Jonischkeit B., Kazakidou G., Kramer I., Vilchez I., Reinhardt M. (2002): Satus Quo der Biotech-Szene in Deutschland. In Managment-Handbuch Biotechnologie herausgegeben von Herstatt C. und Müller C. Verlag Schäffer-Poeschel. Seite 5.
Heinrich P. (2002): Aktuelle Entwicklungen in der Gentherapie. In Management-Handbuch Biotechnologie. Verlag Schäffer Poeschel. Seite 443.
Hengstschläger M. (2001): Das ungeborene menschliche Leben und die moderne Biomedizin. Was kann man, was darf man? Verlag Wilhelm Maudrich, Wien-München-Bern.
Hengstschläger M. (2001): Biochemische, zytogenetische und molekulargenetische Untersuchung; in Lehrbuch der Frauenheilkunde Hg. Husslein P., Bernaschek G., Huber J. C., Kubista E., Leodolter S. Verlag Wilhelm Maudrich. Seite 298.
Hengstschläger M. (2001): The tuberous sclerosis complex genes: from flies to human genetics. Archives in Dermatological Research 293, Seite 383.
Hengstschläger M. (2002): Gentechnik und die „Grenzen der Wissenschaft": An die Allmacht der Gene scheinen heute eher die Philosophen als die Biologen zu glauben. http://www.science.orf.at/science/news.
Hengstschläger M., Rosner M. (2003) The cell cycle and tuberous sclerosis. Progress in cell cycle research. Volume 5, Chapter 5.
Hengstschläger M., van Trotsenburg M., Repa C., Marton E., Huber J. C., Bernaschek G. (2003): Sex chromosome aberrations and transsexualism. Fertility and Sterility 79, No. 3.

Hengstschläger M. (2003): Genetische Prädisposition für pränatale, perinatale und neonatale Infektionen? – Genetik und Ethik. Nova Acta Leopoldina.

Hengstschläger M., Prusa A.-R., Rosner M., Marton E. (2003): Genetics and biochemistry in prenatal medicine: molecular research and diagnostic developments, in Recent Research Developments in Biochemistry. 3rd issue. Verlag Research Signpost.

Hill A. V. (2001): The genomics and genetics of human infectious disease susceptibility. Annual Review of Genomics in Human Genetics 2, Seite 237.

Hogenesch J. B., Ching K. A., Batalov S., Su A. I., Walker J. R., Zhou Y., Kay S. A., Schultz P. G., Cooke M. P. (2001): A comparison of the Celera and Esembl predicted gene sets reveals little overlap in novel genes. Cell 106, Seite 413.

Hondrich K. O. (2001): Der neue Mensch. Verlag Edition Suhrkamp.

Hooper M. (2002) What do you think is a non-disease? Diet, lifestyle, exercise, spirituality, and the search for meaning are ignored at our peril. British Medical Journal 324, Seite 912.

Houellebecq M. (2002): Elementarteilchen. Sonderausgabe 2002 im ECON Taschenbuchverlag.

Huber J. (2000): Geheimakte Leben. Wie die Biomedizin unser Leben und unsere Weltsicht verändert. Verlag Knecht.

Husslein P., Bernaschek G., Huber J. C., Kubista E., Leodolter S. (2001): Lehrbuch der Frauenheilkunde. Verlag Maudrich. Wien-München Bern.

International human genome sequencing consortium (2001): Initial sequencing and analysis of the human genome. Nature 409, 860.

Irrgang B. (1996): Genethik, in Angewandte Ethik. Die Bereichsethiken und ihre theoretische Fundierung, herausgegeben von Nida-Rümelin J., Verlag Kröner.

Jimenez-Sanchez, G., Cilds B., Valle D. (2001): Human disease genes. Nature 409, Seite 853.

Jorde L. B., Carey J. C., White R. L. (2000): Medical Genetics. Verlag Mosby.

Kalow W., Grant T. M. (2001): Pharamcogenetics. In Scriver C. R., Beaudet A. L., Sly W. S., Valle D., Vogelstein B., Childs B. (2001): The metabolic and molecular bases of inherited disease (8th edition). Verlag McGraw-Hill.

Knorr-Cetina K. (1984): Die Fabrikation von Erkenntnis. Verlag Suhrkamp.

Koch H.-G. (2000): Fortpflanzungsmedizin im europäischen Rechtsvergleich, in Fortpflanzungsmedizin – Ethik und Rechtspolitik. Schriftenreihe des österreichischen Bundesministeriums für Justiz 105, Seite 45.

Körtner U. H. J. (2001): The challenge of genetic engineering to medical anthropology and ethics. Human Reproduction and Genetic Ethics 7, Seite 21.

Körtner U. H. J., Bünker M. (2001): Verantwortung für das Leben. Eine evangelische Denkschrift zu Fragen der Biomedizin. Evangelischer Presseverband in Österreich.

Kubista M., Rosner M., Kubista E., Bernaschek G., Hengstschläger M. (2002): BRCA1 regulates in vitro differentiation of mammary epithelial cells. Oncogene 21, Seite 4747.

Kubista M., Rosner M., Miloloza A., Hofer K., Prusa A.-R., Kroiss R., Marton E., Hengstschläger M. (2002): BRCA1 and differentation. Reviews in Mutation Research 512, Seite 165.

Kuhn T. S. (1970): The structure of scientific revolutions. 2nd edition, enlarged. The University of Chicago Press.

Lichtenstein P., Holm N. V., Verkasalo P. K., Iliadou A., Kaprio J., Koskenvuo M., Pukkala E., Skytthe A., Hemminki K. (2000): Environmental and heritable factors in the causation of cancer: analyses of cohorts of twins from Sweden, Denmark and Finland. New England Journal of Medicine 342, Seite 78.

Lehmann K (2001): Das Recht ein Mensch zu sein. Zur Grundfrage der gegenwärtigen bioethischen Probleme. Pressemitteilung der Deutschen Bischofskonferenz. 24. 9. 2001.

Lem S. (2001): Riskante Konzepte. Verlag Insel.

Lewis J. A. (2001): Shaping the foundation for future nursing practice. Unerstanding genetics. AWHONN Lifelines 5, Seite 51.

Luft F.C. (2001): Twins in cardiovascular genetic research. Hypertension 37, Seite 350.

Manaranche R. (2001) Gene therapy. in Ethical eye: The human genome. Herausgegeben von J.-F. Mattei. Council of Europe Publishing.

Mange E. J., Mange A. P. (1999): Basic human genetics. Verlag Sinauer Associates Inc.

Mannhalter C., Druml C., Singer E. A, Ethik-Kommission der Medizinischen Fakultät der Universität Wien und des Allgemeinen Krankenhauses der Stadt Wien - AKH (2001): Practice guidelines for formulation of patient or subject information and for the declaration of consent in genetic studies (inclusive of pharmaceutical genetics). Wiener Klinische Wochenschrift 113, Seite 867.

Markl H. (2002): Schöner neuer Mensch? Verlag Piper.

Mattei J.-F. (2001): Introduction in Ethical eye: The human genome. Herausgegeben von J.-F. Mattei. Council of Europe Publishing.

McCabe E. R. (2002): Hirschsprung,s disease: dissecting complexitiy in a pathogenetic network. Lancet 359, Seite 1169.

Mehlman M. J. (2001): The effect of genomics on health services management: ethical and legal perspectives. Frontiers of Health Service Management 17, Seite 17.

Meyer U. A. (2001): Pharmakogenomik. Medizinische Genetik 3, Seite 246.

Meyers Großes Handlexikon (2001): Meyers Lexikonverlag.

Merriam J. (2001): Gene. in Encyclopedia of genetics. Edited by Sidney Brenner and Jeffrey H. Miller. Verlag Academic Press.

Mieth D. (2001): Organisierte Ethik in den Lebenswissenschaften. Medizinische Genetik 13, Seite 299.

Mieth D. (2002): Was wollen wir können? Ethik im Zeitalter der Biotechnik. Verlag Herder.

Miki Y., Swensen J., Futureal D., Shattuck-Eidens P. A., Harshman K., Tavtigian S., Liu Q. Y., Cochran C., Bennett L. M., Ding W., Bell R., Rosental J., Hussey C., Tran T., McClure M., Frye C., Hattier T., Phelps R., Haugenstrano A., Katcher H., Yakumo K., Gholami Z., Shaffer D., Stone S., Bayer S., Skolnick M. H. (1994): A strong candidate for the breast and ovarian cancer susceptibility gene BRCA1. Science 266, Seite 66.

Miloloza A., Rosner M., Nellist M., Halley D., Bernaschek G., Hengstschläger M. (2000): The TSC1 gene product, hamartin, negatively regulates cell proliferation. Human Molecular Genetics 9, Seite 1721.

Miny P., Tercanli S., Holzgreve W. (2002): Developments in laboratory techniques for prenatale diagnosis. Current Opinion in Obstetrics and Gynecology 14, Seite 161.

Monod J. (1975): Zufall und Notwendigkeit. Philosophische Fragen der modernen Biologie. Verlag DTV.

Mueller R. F., Young, I. D. (2001): Emery's elements of medical genetics. Verlag Churchil Livingstone.

Müller H. (2001): Zur Theorie der Krankheit – Gedanken zum Phänotyp im Zeitalter der Genomforschung. Medizinische Genetik 13, Seite 302.

Munne S., Wells D. (2002): Preimplantation genetic diagnosis. Current Opinion in Obstetrics and Gynecology 14, Seite 239.

Münz R. (2000): Graue Zukunft Österreich. Die Universität, Zeitung der Universität Wien, Nr. 4, Seite 10.

Mural R. J. et al. (2002): A comparison of whole-genome shotgun-derived mouse chromosome 16 and the human genome. Science 296, Seite 1661.

Murken J., Cleve H. (1996): Humangenetik. Ferdinand Enke Verlag.

Nathan D. M. (2002): Clinical practice. Initial management of glycemia in type 2 diabetes mellitus. New England Journal of Medicine 24, Seite 1342.

Nazzi T., Karmillof-Smith A. (2002): Early categorization abilities in young children with Williams syndrome. Neuroreport 19, Seite 1259.

New M. I. (2001): Prenatal treatment of congenital adrenal hyperplasia. Pediatrics 107, Seite 804.

NewScientist (2001): Gender – Why to sexes are not enough. Ausgabe Nummer 2290.

Nida-Rümelin J. (1996): Angewandte Ethik. Die Bereichsethiken und ihre theoretische Fundierung. Alfred Kröner Verlag.

Niejahr E. (2003): Die vergreiste Republik. Die Zeit Nr. 2, Seite 9.

Nyhan W. L., Ozant P. T. (1998): Atlas of metabolic diseases. Verlag Chapman & Hall Medical.

Ozbey N. (2002): Pre-natal treatment of congenital adrenal hyperplasia and fetal malformations. Journal of Endocrinological Investigation 25, Seite 91.

Passarge E. (1994): Taschenatlas der Genetik. Verlag Thieme.

Passarge E. (2002): Dissecting Hirschsprung disease. Nature Genetics 31, Seite 11.

Peakman T., Arlington S. (2001): Putting the code to work: The promise of pharmacogenetics and pharmacogenomics. Price-Waterhouse Coopers Pharmaceutical Consulting Practice.

Petricoin E. F., Hackett J. L., Lesko L. J., Puir R. K., Gutman S. I., Chumakov K., Woodcock J., Feigal D. W., Zoon K. C., Sistare F. D. (2002): Medical applications of microarray technologies: a regulatory science perspective. Nature Genetics 32, Seite 474.

Plomin R., McGuffin P. (2002): Psychopathology in the postgenomic era. Annual Reviews in Psychology 6.

Pöltner G. (2002): Grundkurs Medizin-Ethik. Verlag UTB Facultas.

Pray L. (2002): Evolutionists present their 1,3% solution. Altered gene expression could explain the genetic difference between human and chimp. The Scientist 16, Seite 36.

Primhak R. A., Tanner M. S. (2001): Alpha-1 antitrypsin deficiency. Archives of Disease in Childhood. 85, Seite 2.

Prusa A.-R., Hengstschläger M. (2003): Thrombophiliediagnostik – neue Chancen durch die Gendiagnostik auch für die Pränatalmedizin. Facts & Figures. International Zeitschrift für ärztliche Fortbildung (Update). Ausgabe März 2003.

Pschyrembel (2002): Klinisches Wörterbuch 259. Auflage. Verlag Walter de Gruyter.

Rager G. (1998): Beginn, Personalität und Würde des Menschen. Verlag Karl Alber.

Rao D. C. (2001): Genetic dissection of complex traits: an overview; in Genetic dissection of complex traits edited by Rao D. C., Province M. A., Verlag Academic Press. Seite 13.

Rappsilber J., Mann M. (2002): What does it mean to identify a protein in proteomics? Trends in Biochemical Sciences 27, Seite 74.

Rau J. (2001): Wird alles gut? – Für einen Fortschritt nach menschlichen Maß. In Die Genkontroverse. Herausgegeben von Graumann S. Verlag Herder Spektrum.
Reilly P. R. (2001): Legal issues in genomic medicine. Nature Medicine 7, Seite 268.
Ridley M. (1996): Darwin lesen. Eine Auswahl aus seinem Werk. DTV Verlag.
Ringel E. (1973): Selbstschädigung durch Neurose. Verlag Herder.
Ripley L. S. (2001): Mutation. in Encyclopedia of genetics. Edited by Sidney Brenner and Jeffrey H. Miller. Verlag Academic Press. Seite 1268.
Robbins-Roth C. (2000): From Alchemy to IPO. The Business of Biotechnology. Verlag Perseus Publishing.
Robertson J. A. (2001): Consent and privacy in pharmacogenetic testing. Nature Genetics 28, Seite 207.
Rohmann S., Harms F., Scheidegger A., Kling G. (2002): Entwicklungen im Pharmamarkt unter besonderer Berücksichtigung der Biotechnologie. In Management-Handbuch Biotechnologie. Verlag Schäffer Poeschel. Seite 63.
Rosenberg S. A., Aebersold P., Cornetta K., Kasid A., Morgan R. A., Moen R., Karson E. M., Lotze M. T., Yang J. C., Topalian S. L. et al. (1990): Gene transfer into humans – immunotherapy of patients with advanced melanoma, using tumor-infiltrating lymphocytes modified by retroviral gene transduction. New England Journal of Medicine 30, Seite 570.
Roses A. D. (2000): Genetic susceptibility to cardiovascular diseases. American Heart Journal 140, Seite 45.
Rossouw J. E. (2002): Hormones, genetic factors, and gender differences in cardiovascular disease. Cardiovascular Research 53, Seite 550.
Schmid R. D. (2002): Taschenatlas der Biotechnologie und Gentechnik. Verlag Wiley-VCH.
Schneider R. U. (2001): Wissen ist Ohnmacht. Die Zeit (Magazin Zeitpunkte), Seite 44.
Schönbauer R. (2001): Gen-Verunsicherung. Der Standard (Österreichische Tageszeitung), Dezember 2001.

Schramme T. (2002): Bioethik. Campus Einführungen. Campus Verlag.
Schrödinger E. (1944): What is life? The Physical Aspect of the Living Cell. Verlag Cambridge University Press.
Scriver C. R., Beaudet A. L., Sly W. S., Valle D., Vogelstein B., Childs B., Kinzler K.W. (2001): The metabolic and molecular bases of inherited disease (8th edition). Verlag McGraw-Hill.
Sibai B. M. (1999): Thrombophilias and adverse outcomes of pregnancy – what should a clinician do? New England Journal of Medicine 340, 50.
Singh R. S. (2001): Polymorphism. in Encyclopedia of genetics. Edited by Sidney Brenner and Jeffrey H. Miller. Verlag Academic Press. Seite 1507.
Smith I. E. (2002): New drugs for breast cancer. Lancet 360, Seite 790.
Soucek T., Pusch O., Wienecke R., DeClue J. E., Hengstschläger M. (1997): Role of the tuberous sclerosis gene-2 product in cell cycle control. Journal of Biological Chemistry 272, Seite 29301.
Soucek T., Yeung R. S., Hengstschläger M. (1998): Inactivation of cyclin-dependent kinase inhibitor p27 upon loss of the tuberous sclerosis complex gene-2. Proceedings of the National Academy of Science 95, Seite 15653.
Spaemann R. (2002): Wer jemand ist, ist es immer. In Der Schutz des Menschen vor sich selbst. Eine Ethik zum Leben. Herausgegeben von M. Fleischhacker. Verlag Styria.
Spiewak M., Viciano A. (2002): Wunschkind. Die Zeit 18, Seite 27 vom 25. 4. 2002.
Stellungnahme der Senatskomission für Grundsatzfragen der Genforschung der Deutschen Forschungsgemeinschaft (1999): Humangenomforschung und prädiktive Diagnostik – Empfehlungen. Medizinische Genetik 11, Seite 551.
Stock G. (2000): Engineering the human germline. An exploration of the science and ethics of altering the genes we pass to our children. Verlag Oxford University Press.
Stollorz V. (2001): Tödliche Gentherapie. Patient Nummer 18. Zeitpunkte (Magazin Die Zeit) 3, Seite 74.

Strachan T., Read A. P. (1996): Molekulare Humangenetik. Spektrum Akademischer Verlag.

Strasser P. (2002): Kategorien des Unantastbaren. Würde, Autonomie, Kreatürlichkeit. In Der Schutz des Menschen vor sich selbst. Eine Ethik zum Leben. Herausgegeben von M. Fleischhacker. Verlag Styria.

Tanner C. M. (2003): Is the cause of Parkinson's disease environmental or hereditary? Evidence from twin studies. Advances in Neurology 91, Seite 133.

Teichert W. (1996): Journalistische Verantwortung: Medienethik als Qualitätsproblem, in Angewandte Ethik. Die Bereichsethiken und ihre theoretische Fundierung, herausgegeben von Nida-Rümelin J., Verlag Kröner.

The international SNP map working group (2001): A map of the human genome sequence variation containing 1.4 million single nucleotide polymorphisms. Nature 409, Seite 928.

Theile U. (1992): Checkliste Genetische Beratung. Thieme Verlag.

Thomas P. D., Gilbert D. (2002): Beyond serendipity. The Scientist 25, Seite 12.

Venkitaraman A. R. (2002): Cancer susceptibility and the functions of BRCA1 and BRCA2. Cell 108, Seite 171.

Venter J. C. et al. (2001): The sequence of the human genome. Science 291, Seite 1304.

Virt G. (2002): Die Spaltung des Menschlichen im Horizont der modernen Lebenswissenschaften, in Stammzellenforschung und therapeutisches Klonen, herausgegeben von Oduncu F. S., Schroth U., Vossenkuhl W., Verlag Vandenhoeck & Ruprecht.

Vogel F. (2001): Pharmakogenetik. Medizinische Genetik 3, Seite 241.

Vogel F. (2001): Vererbung und Milieu bei komplex (multifaktoriell) verursachten Krankheiten in Vererbung und Milieu. herausgegeben von Wink M., Heidelberger Jahrbücher. Verlag Springer.

Watson J. D., Crick F. H. C. (1953): A Structure for Desoxyribonucleic Acid. Nature 171, Seite 737.

Watson J. D. (1968): The Double Helix. Verlag Atheneum, London.

Watson J. D. (1997): Good gene, bad gene. What is the right way to fight the tragedy of genetic disease? Time, Seite 86.

Weizsäcker C. F. von (1974): Die Einheit der Natur. Verlag DTV.

Welsch P. L., King M.-C. (2001): BRCA1 and BRCA2 and the genetics of breast and ovarian cancer. Human Molecular Genetics 10, Seite 705.

White C. (2002) What do you think is a non-disease? Summary of responses. British Medical Journal 324, Seite 912.

Wickware P. (2002): Phenotype database opens for business. The Scientist 14, Seite 18.

Wieczorek S. J., Tsongalis G. J. (2001): Pharmacogenomics: Will it change the field of medicine? Clinica Chimica Acta 308, Seite 1.

Wink M. (2001): Vererbung und Milieu. Heidelberger Jahrbücher. Verlag Springer.

Witkowski R., Prokop O., Ullrich E. (1999) Lexikon der Syndrome und Fehlbildungen. Verlag Springer. Seite 263.

Wüstner K. (2000): Genetische Beratung. Risiken und Chancen. Psychiatrie-Verlag.

Young I. D. (1999): Introduction to risk calculation in genetic counseling. Verlag Oxford University Press.

Sachregister

GÜNTHER PÖLTNER

Grundkurs Medizin-Ethik

UTB: Facultas 2002. 344 Seiten, broschiert
ISBN 3-8252-2177-6
EUR 20,50 (A) / EUR 19,90 (D) / sFr 33,50

Medizin-Ethik bildet einen integrierenden Bestandteil der Medizin. Der Grundkurs behandelt in einem ersten Teil die anthropologischen und ethischen Grundlagen ärztlichen und pflegerischen Handelns sowie verschiedene medizinethische Ansätze. Im zweiten Teil werden Einzelthemen und die unterschiedlichen ethischen Stellungnahmen diskutiert wie z.B. Arzt/Patientenverhältnis (Autonomie/Fürsorge); Medizinische Forschung/Ethikkommission; Gesundheit, Krankheit, Behinderung; Humangenetik, Genetische Beratung, Präimplantationsdiagnostik, Pränatale Diagnostik, Schwangerschaftsabbruch, Embryonenforschung; Transplantationsmedizin, Hirntod; Sterben und Tod (Sterbebeistand, Behandlungsmodifikation); Verteilungsgerechtigkeit im Gesundheitswesen.

Univ.-Prof. Dr. Günther Pöltner, Institut für Philosophie sowie Institut für Ethik und Recht in der Medizin an der Universität Wien